室内设计数据手册

Dimension Parameter of Interior Design

软装规格与应用尺寸

李银斌 编著

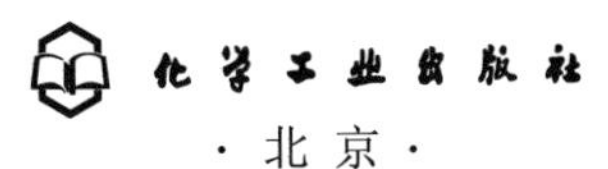

化学工业出版社

·北京·

内容简介

软装应用在室内设计中是非常重要的一环，而了解软装相关的规格与应用尺寸，不仅可以帮助软装设计师更加便捷地填写软装产品清单，也为摆场提供了合理的数据支持。本书整理了家具、布艺、灯具、装饰画、工艺品等的相关数据，不仅有常见规格，也包括了部分产品的用量计算和空间应用尺寸等，能够有效帮助软装设计师提高日常工作效率。

图书在版编目（CIP）数据

室内设计数据手册：软装规格与应用尺寸 / 李银斌编著 . —北京：化学工业出版社，2021.1

ISBN 978-7-122-37983-2

Ⅰ. ①室… Ⅱ. ①李… Ⅲ. ①室内装饰设计-数据-手册 Ⅳ. ①TU238.2-62

中国版本图书馆CIP数据核字（2020）第224859号

责任编辑：王　斌　邹　宁　毕小山　　　装帧设计：王晓宇
责任校对：王鹏飞

出版发行：化学工业出版社（北京市东城区青年湖南街13号　邮政编码100011）
印　　装：北京新华印刷有限公司
880mm×1230mm　1/32　印张5¾　字数150千字　2021年4月北京第1版第1次印刷

购书咨询：010-64518888　　　售后服务：010-64518899
网　　址：http://www.cip.com.cn
凡购买本书，如有缺损质量问题，本社销售中心负责调换。

定　　价：58.00元

前言

在室内装修中，数据与尺寸一直是很重要的参数。它体现了装饰装修的精准性，影响室内空间的美感、舒适感与安全性，也是室内设计人员必备的常识与知识。有的数据尺寸是有关规范、标准等文件的强制性要求，必须执行；有的数据尺寸则是判断室内工程质量的标准依据。

本书分为家具、布艺、灯具、挂饰与摆件四个章节，整理、归纳了较全面的使用数据。将软装的常见规格与空间应用尺寸结合介绍，使读者可以清晰了解到家具在空间中的摆放尺度、窗帘的用量计算、灯具的安装高度、挂画的悬挂距离等实用性常识。同时，书中运用大量的表格、图示来辅助表现软装尺寸的应用，呈现方式简洁，容易记忆，也方便读者查询使用。

本书参考了部分文献和资料，在此表示衷心感谢。因编写时间有限，书中难免有不足和疏漏，敬请广大读者不吝指正。

目录

第一章　家具

第二章 布艺

第三章　灯具

第四章　挂饰与摆件

第一章

家具

家具是室内设计中的一个重要组成部分，是陈设中的主体。与抽象的室内空间相比，家具陈设是具体生动的，形成了对室内空间的二次创造，起到了识别空间、塑造空间、优化空间的作用，进一步丰富了室内空间内容，具象化了空间形式。一个好的室内空间应该是环境协调统一，家具与室内布局融为一体，不可分割的。

沙发

沙发是一种装有海绵或弹簧的软垫低座靠椅，属于室内必备家具之一。沙发作为体量较大的空间陈设，是影响室内空间环境的主要因素，其尺寸与室内布局不可分割。

沙发的常规尺寸

1 与沙发尺寸相关的命名

宽度：指沙发从左到右，两个扶手外围的最大距离。

深度：指沙发从前到后，包括靠背在内的前后最大距离。

高度：指从地面到沙发最高处的上下最大距离，和通常意义上的"高"为同一概念。

座宽：宽度－扶手宽度 ×2

座深：深度－靠背的厚度

座高：地面到座位表面的距离

2 常见沙发的尺寸范围与应用

单人沙发

·宽度 800~950mm，深度 800~900mm
·适合中等空间及小空间，最常用来做辅助沙发，小空间中可做主沙发
·常见组合形式为“1+1”

双人沙发

·宽度 1260~1500mm
深度 800~900mm
·适合摆放于长度不小于 2m 的墙面
·适合中等空间及小空间
·常见组合形式为“2+1+1”“2+1”

三人沙发

·宽度 1750~1960mm，深度 800~900mm
·适合摆放于长度不小于 3m 的墙面
·适合大空间及中等空间
·常见组合形式为“3+2+2”“3+2+1”“3+1+1”

四人沙发

·宽度 2320~2520mm
 深度 850~900mm
·适合摆放于长度不小于 4m 的墙面
·适合大面积空间
·常见组合形式为“4+3+2”“4+3+1”“4+2+2”“4+3+1+1”

L 形沙发

·主体部分宽度 1750~1960mm，深度 850~900mm
·适合摆放于长度不小于 3m 的墙面
·适合中等空间及小空间
·常见组合形式为“L+1”

U 形沙发

·多为组合方式
 其中贵妃椅的尺寸多为 1850mm × 900mm
 单人沙发的尺寸为 750mm × 900mm
 双人沙发的尺寸为 1500mm × 900mm
·适合摆放于长度不小于 4m 的墙面
·适合大空间及中等空间
·常见组合形式为“U+1+1”

3 不同风格沙发的宽度与深度尺寸

现代单人沙发

常规尺寸：800mm × 800mm

欧式单人沙发

常规尺寸：900mm × 900mm

现代双人沙发

常规尺寸：1200mm × 880mm

欧式双人沙发

常规尺寸：1500mm × 900mm

现代三人沙发

常规尺寸：1650mm × 900mm

欧式三人沙发

常规尺寸：1800mm × 900mm

4 与沙发相关的高度尺寸

▲ 高背沙发

沙发高度：沙发的高度没有一定标准，而是取决于沙发的形态。沙发按照高度可分为高背沙发、普通沙发和低背沙发三种类型。

▲ 低背沙发

▲ 普通沙发

沙发座高：沙发座高应与膝盖弯曲后的高度相符，一般在 35~45cm 的范围内。由于低背沙发的靠背高度较低，因此一般座高为 37cm 左右；而普通沙发的座高大致保持在 42cm 左右。

座面与靠背的夹角以 110° 左右为宜

沙发靠背高度：沙发靠背的高度一般宜为 70~85cm，这个高度可以将头完全放在靠背上，让颈部能够充分放松。座面与靠背的夹角以 110° 左右为宜。

沙发扶手高度：沙发扶手高度一般为 55~60cm，这样手臂刚好可以自然垂在沙发上，手臂能够得到充分放松。

5 沙发的座宽与座深

沙发座宽：单人位沙发的座宽应大于 45cm，这样人坐上后不会感到拥挤。双人位或三人位沙发的单人座面宽度宜为 45~50cm。

沙发座深：座深很大程度决定了沙发的舒适度，一般座深宜为 60~70cm。如果座深过深，腰部、背部就会与沙发靠背之间有空隙，使腰部悬空，易导致腰酸背痛。另外，座深过大还会使沙发边缘落到小腿肚处，使脚不能着地，长时间易造成腿部血液流通不畅。

沙发的合理布置尺寸

1 沙发与背景墙面的比例关系

在挑选沙发时，可依照墙面长度来选择合适的尺寸。需要注意的是，沙发的宽度最好超过墙面的 1/2，这样空间的整体比例才较为舒适。例如，背景墙为 5m 长，就不适合只放 1.6m 宽的双人沙发，否则会使空间显得空荡；同样也不适合放置近 5m 宽的多人沙发，这样会造成视觉的压迫感，并影响居住者的行走动线。另外，沙发的高度应不超过墙面高度的 1/2，太高或太低都会造成视觉不平衡；沙发两旁最好能各留出 50cm 的宽度，用于摆放边几或边柜。

❶ 沙发宽度占墙面长度的 1/2 以上 ❷ 沙发高度略低于墙面高度的 1/2 ❸ 沙发两旁留有距离摆放边几或边柜

2 沙发布局与空间的尺寸关系

面对面式沙发布局：当客厅沙发为面对面布置时，两个沙发之间的最大变化空间一般为 2.1~2.8m，其中沙发到茶几的距离一般为 30~45cm。以宽为 1.5m 的双人沙发为例，计算出适合人们坐下来交谈的空间面积为 3.15m^2（2.1m × 1.5m）至 4.2m^2（2.8m × 1.5m）之间。

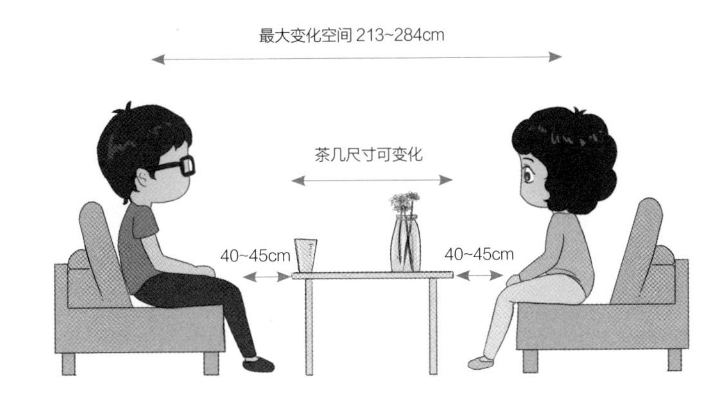

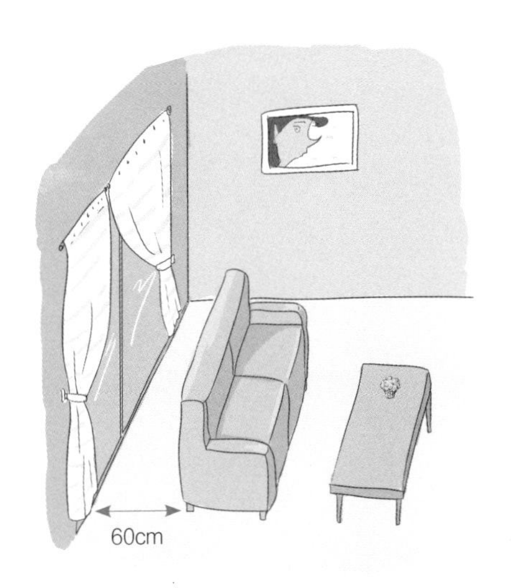

沙发背向落地窗的布局：有的家居空间面积有限，往往会借助阳台来增加客厅的使用面积，在摆放沙发时，将其背对落地窗，这时沙发与落地窗之间需留出 60cm 宽的走道，以方便行走。

沙发尺寸与空间面积的关系

沙发面积占客厅的 25% 左右最为合适。沙发的大小、形态取决于户型大小和客厅面积；对于不同的客厅，沙发的选购也会不一样。

15m² 以下的客厅：在中小户型中比较常见，不建议选择整套的沙发；简单的一张两人或三人沙发，配合一把灵活的单人椅即可；一般 10m² 左右的空间即可摆放三人沙发。

15~30m² 的客厅：在中等面积的户型中比较常见，虽然客厅面积足够，但沙发尺寸不一定要很大，可以考虑“3+2”“3+1”等沙发组合。

30m² 以上的客厅：在别墅、复式和 300m² 以上的住宅中比较常见，可以选择转角沙发，这种沙发比较好摆放；另外，沙发还可以成套摆放，以凸显空间的大气感，形式上可考虑“3+2+1”或者“3+3+1+1”的组合。

茶几

茶几一般摆在沙发附近，与沙发相互呼应。茶几不仅可以用来摆放水杯、茶壶等日用品，而且对于客厅中没有配置电视柜的家庭来说，也是放置各种遥控器的最佳选择。

茶几的常规尺寸

小型长方形茶几

·宽度 600~750mm
·深度 380~500mm
·高度 380~500mm（最佳 380mm）

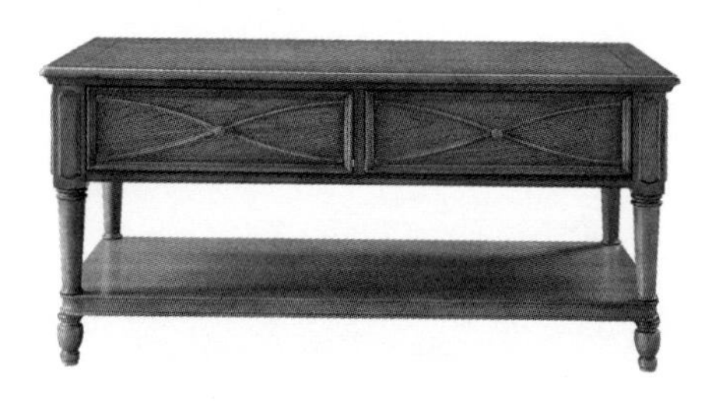

中型长方形茶几

·宽度 1200~1350mm
·深度 450~600mm
·高度 380~500mm（最佳 380mm）

大型长方形茶几

·宽度 1500~1800mm
·深度 600~800mm
·高度 380~500mm（最佳 380mm）

中型正方形茶几

·常见边长尺寸为 750~900mm
·高度 330~420mm

大型正方形茶几

·常见边长尺寸为 900mm、1050mm、1200mm、1350mm、1500mm
·高度 430~500mm

圆形茶几

·常见直径尺寸为 750mm、900mm、1050mm、1200mm
·高度 330~420mm

茶几尺寸与沙发的关系

1 茶几尺寸的选择方案

茶几高度的选择有两种方案：一是茶几的高度大概等于沙发扶手的高度；二是茶几高度与沙发座面一样高，大约为 400mm。茶几的宽度为沙发的 5/7~3/4，深度比沙发多出 1/5 左右最为合适。

2 茶几高度应与沙发配套设置

茶几的高度大多为 300~500mm，选择时需考虑与沙发配套设置，除使用方便外，还能减小空间立面上的高差，增强整体感。若沙发座高为 350mm，则茶几的高度最好为 300mm；若沙发的座高为 400mm，茶几的高度最好也为 400mm。

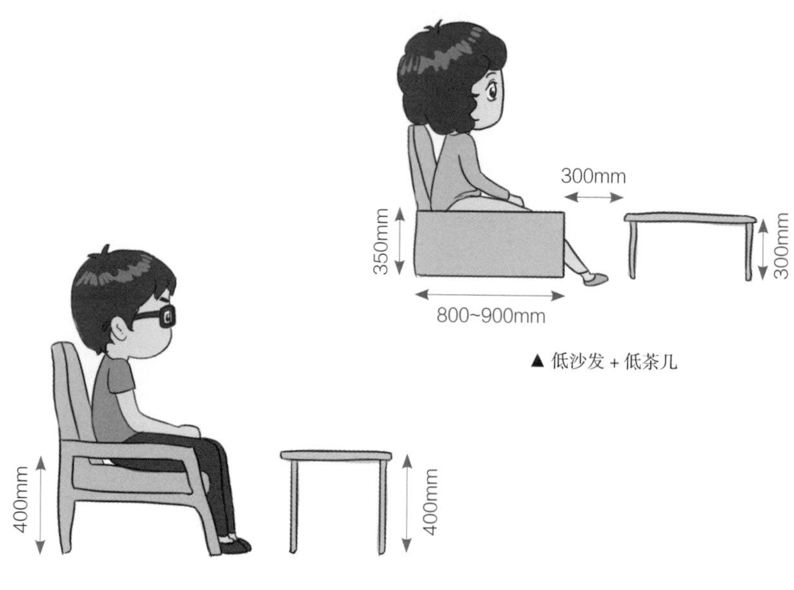

▲ 低沙发 + 低茶几

▲ 高沙发 + 高茶几

茶几的合理布置尺寸

茶几摆放时要注意动线的流畅，一般来说最好要与主墙留出 90cm 的走道宽度，与主沙发之间要保留 30~45cm 的距离（45cm 为最舒适）。

❶ 茶几与墙面的距离　　❷ 茶几与沙发的距离

电视柜

电视柜的主要作用是摆放电视，但随着生活水平的提高，与电视相配套的电器设备相应出现，导致电视柜的用途从单一向多元化发展，不再是单一摆放电视，而是集电视、机顶盒、DV、音响设备、碟片等产品的收纳、摆放、展示功能于一身。

客厅电视柜尺寸

宽度：一般来说，电视柜比电视至少宽 2/3，可以营造出舒适感。

深度：电视大多为超薄和壁挂式，电视柜深度多为 35~50cm。

高度：电视柜高度要求人坐在沙发上，视线与电视机的中心点处于同一水平位置，即为 40~60cm。若选用非常规款电视柜，则 70cm 的高度为上限；若再高于此，就会形成仰视。

备注：目前家庭装修中电视柜的尺寸可以定制，主要根据电视大小、房间大小，以及电视与沙发之间的距离来确定。

卧室电视柜尺寸

宽度：卧室电视柜的宽度需根据空间大小而定，如 12m^2 左右的卧室，墙面长度为 3~4m，那么 1.2~1.5m 的电视柜较合适；若卧室较小，则电视柜可适当缩小尺寸，以免使空间显得拥挤。

高度：卧室电视柜的高度通常比客厅电视柜要高一些，一般来说，其高度为 45~55cm。

定制电视柜尺寸

定制电视柜除了摆放电视或收纳视听设备之外，还能够为室内提供更多的收纳空间。需要收纳的物品尺寸不一，大多以需收纳物品的最大尺寸来设定，常以视听设备为基准。

1 摆放视听设备的柜格尺寸

由于视听设备的机体存在散热与管线的问题，因此柜格深度最好为 40~50cm，而柜格高度则需考虑设备的高度，大多数情况下可以 20cm 为准，同时建议做成活动式层板，为日后更换设备做准备。

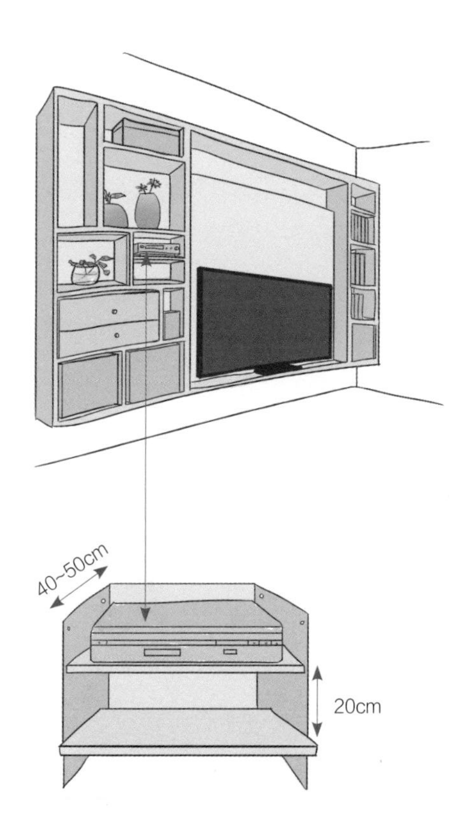

2 充分考虑特殊居住者，设定柜格离地高度

若家中有老人和低幼龄的孩子，则存放视听设备的柜格最好规划在离地面 1m 以上的位置，一来可以避免老人需要蹲下来才能操作设备，二来避免孩童因好奇而误触设备。

电视柜与沙发之间的视听距离

看电视时，离得太近或太远都容易造成视觉疲劳。为保证良好的视听效果，沙发与电视柜的间距应根据电视种类和屏幕尺寸［单位为英寸（in），1in=2.54cm］来确定。通常以电视机屏幕的英寸数乘以 2.54 得到电视机的对角线长度，而此数值的 3~5 倍即是比较合理的视听距离。

以 50in 电视为例，相关尺寸图示如下。

❶ 座位与电视的距离为 3.8~6.3m
❷ 50 英寸电视高约 62cm
❸ 电视中心点距地面 1~1.2m
❹ 电视底部距地面 54~84cm
❺ 双眼离地距离 1~1.3m
❻ 电视柜高 30~50cm

备注：当使用主体为老人时，电视与座位之间的间距要稍微小一些，以保证老人能看清。

电视柜前需要预留的尺寸

1 电视柜前的取物尺寸

具有储物功能的电视柜，由于拿取物品需要弯腰或蹲下，因此，电视柜前需要留出适当的距离以便拿取物品。可根据日常姿势和空间大小，来选择适合日常生活的预留尺寸。一般来说，蹲下取物的距离为 50cm，站立取物的距离为 70cm，半蹲取物的距离为 80cm。

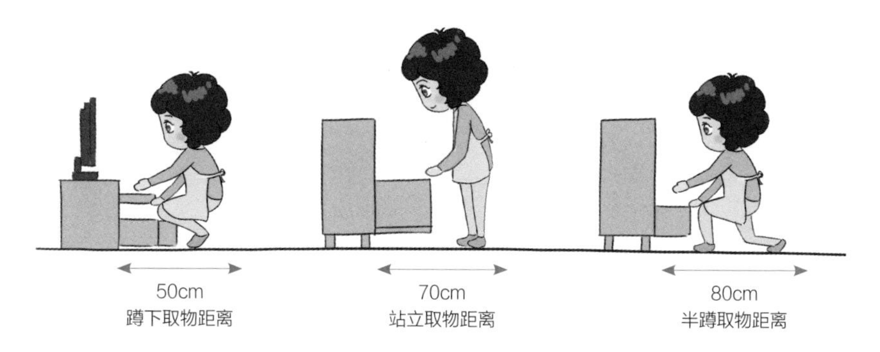

2 电视柜与茶几之间的距离

电视柜与茶几之间的距离要保证单人能够轻松走动，最好为 75~120cm，其中 75cm 是一个人正面通行所需的宽度。

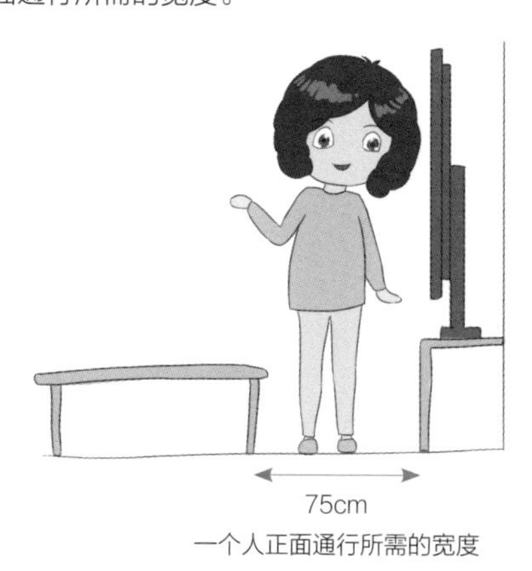

边几

边几可用来摆放生活用品，也可用来摆放装饰品。其使用位置十分灵活，一般摆放在沙发两侧，或两个单人座椅之间，也可以在卧室中用来替代床头柜使用。边几的尺寸比茶几小，造型多样，材料组合丰富，移动灵活，使用便利。

边几宽度、深度尺寸

宽度、深度：若只摆放装饰品，则宽度和深度都为 50cm 左右；若需摆放更多用品，则宽度可以延长到 70cm 左右。

边几的高度和沙发的关系

边几的高度不能超过沙发，一般为沙发高度的 2/3 较合理。同时，高度最好不低于最近沙发或椅子扶手 5cm，也可与沙发等高，便于日常拿放物品。一般情况下，边几高度为 70cm 左右。

餐桌

餐桌的主要作用是摆放餐具和食物，现代居室中的餐桌除了满足此项要求外，还具有装饰作用。而餐椅是与餐桌配套使用的家具，主要作用是供人们坐下用餐。

餐桌的桌面尺寸

1 单人用餐所需的桌面尺寸

一般来说，用餐时单独个人占据的餐桌桌面尺寸约为 40cm × 60cm。依照这个尺寸标准，在选择餐桌时可根据使用人数大致确定桌面尺寸。

2 不同形态餐桌的尺寸

正方形餐桌

·常见尺寸：

600mm × 600mm

760mm × 760mm（最常用）

800mm × 800mm

900mm × 900mm

1060mm × 1060mm

长方形餐桌

·常见宽度：

760mm、1070mm、1200mm、1400mm、1500mm、1650mm、1800mm、2100mm

·常见深度：

600mm、700mm、760mm、800mm、850mm

·常用尺寸：

1070mm × 760mm

圆形餐桌

·常见直径尺寸：

600mm、760mm、900mm、1050mm、1200mm、1500mm

开合式餐桌
（又称伸展式餐桌）

由一张边长 900mm 的方桌或直径 1050mm 的圆桌变成 1350~1700mm 的长桌或椭圆桌（有各种尺寸）。

3 不同用餐人数对应的餐桌尺寸

用餐人数	正方形餐桌 / mm	长方形餐桌 / mm	圆形餐桌（直径）/ mm
两人	600×600	760×600	500
	760×760		
四人	800×800	1200×700	900
六人	900×900	1400×800	1100
			1250
八人	1060×1060	2250×850	1300

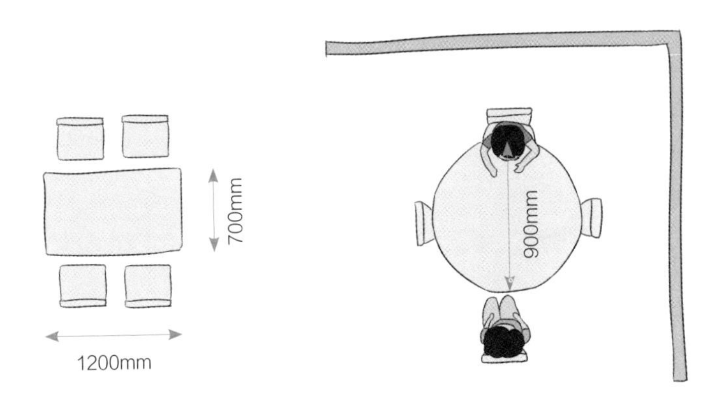

备注：小空间建议使用2~4人桌，方桌的最小尺寸可以选择600mm，且方形餐桌比圆形餐桌更节省空间。

4 选用扶手餐椅对应的餐桌尺寸

若餐厅中选用带扶手的餐椅，则相应的餐桌宽度应随之增加。一般情况下，带有扶手的餐椅加上其两边的空间应留有约 85cm 的宽度。因此，在选择四人餐桌时，其宽度应至少为 170cm。

❶ 餐桌宽 170cm　❷ 餐椅宽及间距 85cm

餐桌椅的高度与人体工程学

餐椅太高或太低，吃饭时都会感到不舒服。餐椅座高一般为 400~500mm，餐桌高一般为 710~780mm。同时，餐桌高度最好高于椅面 270~300mm。这样的尺寸差可以使用餐者就座时，双手放在桌面上手肘与桌面成 90° 角，这样的坐姿既省力又舒服。

此外，也可以根据人体工程学的计算公式来确定适宜的餐桌高度：

座面高（cm）= 身高（cm）×0.25-1

桌面高（cm）= 身高（cm）×0.25-1+ 身高（cm）×0.183-1

以身高 165cm 的女性为例，适合的座椅高度约为 40cm，桌面高度约为 70cm。

餐厅视听墙与餐桌椅的合理距离

如果在餐厅中设计视听墙，同样需要保证观看的舒适度。一般来说，餐厅的电视屏幕尺寸相对略小，因此视听墙到观看座椅或卡座的距离不小于 1m 即可。

●视听距离要保证超过 1m

餐桌尺寸与用餐面积的关系

以餐桌为中心，根据餐桌椅与就餐方式可以确定该用餐空间的大小。

1 长方形餐桌与用餐面积

大多数家庭会选用长方形餐桌，并将其一边靠墙摆放。以市面上主流尺寸的长方形餐桌（1.4m×0.8m）为例：两面坐人用餐时，会形成一个相对稳定的空间，考虑到人坐下时至少应留有 0.6m 的活动空间，因此用餐面积至少为 1.4m×2m=2.8m^2。宴会时，就餐人数增多，需要餐桌四周坐人，这时，用餐面积至少为 2.6m×2m=5.2m^2。

考虑到用餐的舒适度，餐椅的活动区域最好能达到 0.9m，因此两面坐人时，舒适的用餐面积为 1.4m×2.6m=3.64m^2；四面坐人时，舒适的用餐面积为 3.2m×2.6m=8.32m^2。

▲ 此种方式的餐桌摆放，用餐面积至少为 2.8m^2，舒适的用餐面积为 3.64m^2

▲ 此种方式的餐桌摆放，用餐面积至少为 $5.2m^2$，舒适的用餐面积为 $8.32m^2$

2 圆形餐桌与用餐面积

若使用圆桌，双人对面交谈的距离宜为 1.2~2.4m，考虑到家具的尺寸和伸脚空间，则用餐空间面积的最低限度为 2.1m×（2.1m +1.2m）=$6.93m^2$，舒适的用餐空间面积为（0.6m+1.2m+2.7m）×2.7m =$12.15m^2$。

① 双人对面交谈的距离宜为 1.2~2.4m

餐桌的合理布置尺寸

餐桌与餐厅的空间比例要适中，餐桌大小不要超过整个餐厅的 1/3，且应留出足够的人员走动空间。

1 餐桌椅需要留有的动线尺寸

通常餐椅摆放需要 50cm，人站起来和坐下时，需要 30cm 的距离，因此餐桌周围至少要留出 80cm。这个距离是包括把椅子拉出来，以及能使就餐的人方便活动的最小距离。

2 餐桌与墙面的动线尺寸

为保证用餐的基本空间条件，餐桌与墙面之间除保留椅子拉开的空间外，还要保留走道空间，必须在原本的 80cm 基础上再加上行走宽度约 60cm，所以餐桌与墙面至少有一侧的距离应保留 110~140cm，以便于行走。

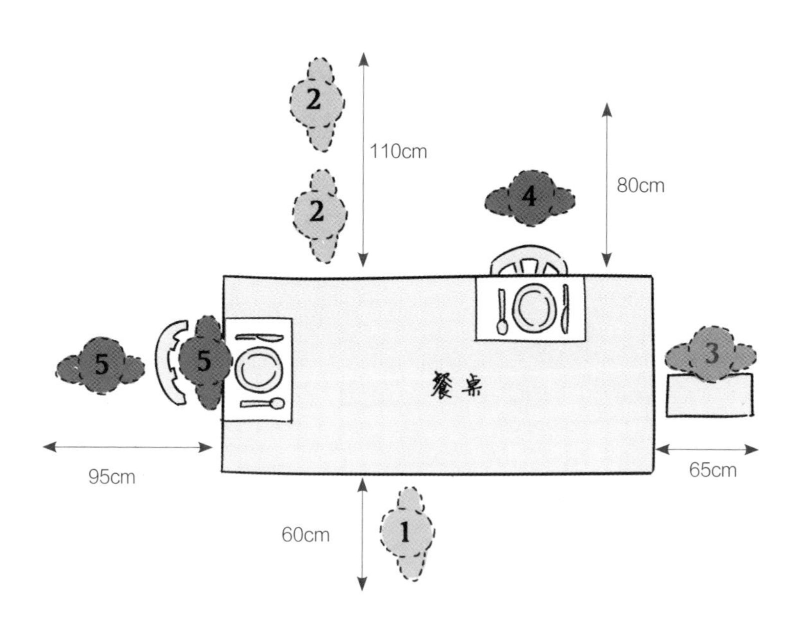

① 单人经过的通道宽度为 60cm（侧身通过为 45cm）。

② 两人擦肩而过的宽度为 110cm。

③ 人拿着物体通过的宽度为 65cm。

④ 就座时所需的宽度为 80cm。

⑤ 坐在椅子上同时背后能容人通过的宽度为 95cm。

吧台与中岛台

吧台和中岛台在小户型中，具备了正式餐桌的功能，同时可以作为厨房的延伸，或者兼具划分餐厨空间的重要作用。

吧台和中岛台的合理尺寸

吧台

·其台面深度一般为 40~60cm
·其台面高度一般为 90~115cm

中岛台

·高度一般为 80~90cm
·若结合吧台形式，可增高到 110cm
·宽度视实际情况而定

吧台椅的合理尺寸

吧台椅应配合台面高度进行挑选，常见的高度为 60~85cm，从人体工程学的角度来说比较合适。另外，若想选择合适的吧台椅高度，也可以遵循“比台面低 30cm”的原则。

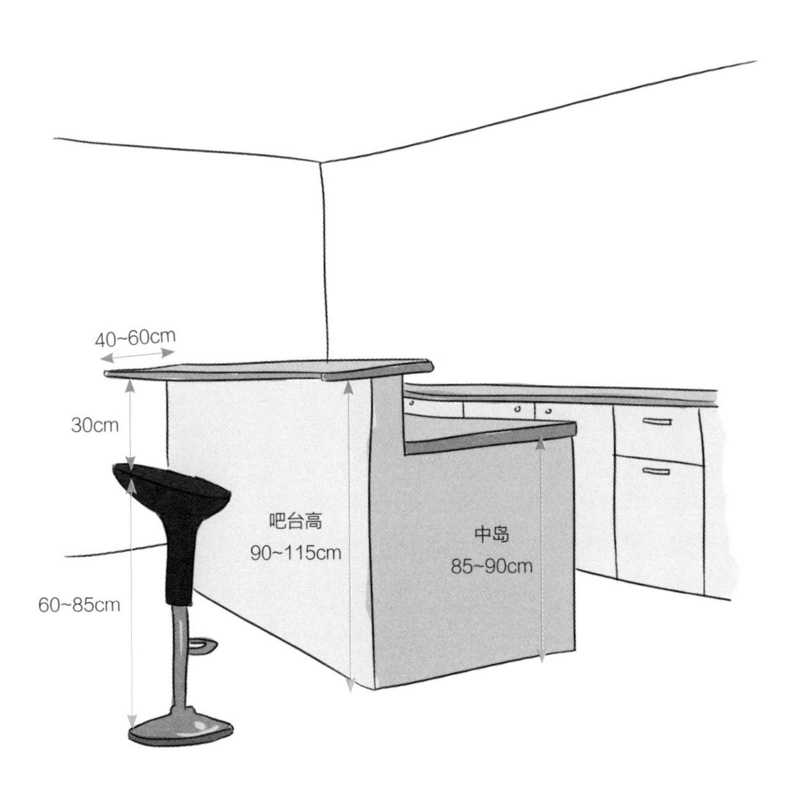

餐边柜

餐边柜不仅具有使用功能，还可以起到提升餐厅颜值的作用。挑选餐边柜时，要与餐桌同款配套，或与餐桌的材质和颜色相近。

餐边柜的常规尺寸

1 成品餐边柜的尺寸

成品餐边柜的高度一般为 80cm 左右，这个高度使用起来较为舒适。餐边柜不宜太深，以免占用太多空间，并且不便于拿取物品。通常情况下，深度为 40~60cm；宽度则根据不同的款式而有所不同，如单扇门约 45cm，对开门为 60~90cm。

● 成品餐边柜高约 80cm

2 展示餐边柜的尺寸

用来展示餐具的餐边柜大多分为两个部分：上柜为视觉聚焦区，多用于摆放装饰品，或者好看的餐盘；下柜主要以收纳为主，内部层板间隔为 15~45cm，取决于收纳物品的大小，如收纳马克杯、咖啡杯约需要 15cm，收纳展示盘、水壶则需要 35cm。

❶ 展示餐边柜内部层板间隔为 15~45cm

3 高柜或定制餐边柜的尺寸

如果空间较大，则可放置高柜，高度可达 2m，也可直接到顶。这类柜体具有较强的收纳功能，可以将物品合理地归类，方便拿取。

❶ 高柜或定制餐边柜的高可以到顶

餐边柜与餐桌之间的合理距离

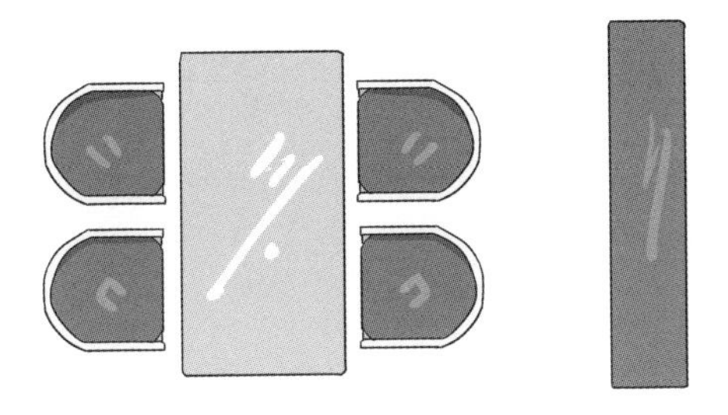

平行式摆放

· 餐边柜与餐桌平行，是比较常见的摆放形式
· 存在拿取时需要起身的问题，便捷性较低
· 餐边柜与餐桌椅之间要预留 80cm 以上的距离，以便拿取物品及通行

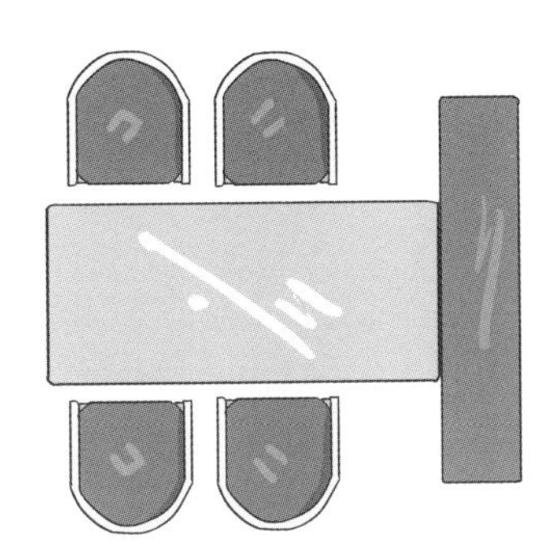

T 形摆放

· 餐桌横放，餐边柜竖放
· 餐桌与餐边柜“零距离”，
方便拿取物品，且能增强整体感
· 由于餐桌与餐边柜有重合区域，
因此最好选择定制

睡床

睡床是卧室中毋庸置疑的主角，可选择的范围广泛，但基本原则是要与整体的空间风格相协调。

睡床的常规尺寸

1 常见睡床的尺寸范围与应用

单人床

·宽度 800mm、900mm、1050mm、1200mm
·长度 1900mm、2000mm
·高度 380~500mm（最佳 380mm）

双人床

·宽度 1500~2200mm
·长度 2000mm
·可供 2 人同时使用

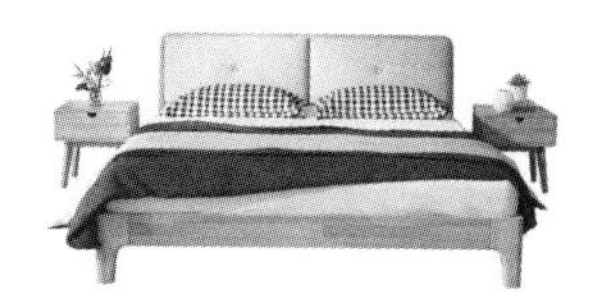

婴儿床 / 摇篮

·宽度一般不超过 750mm
·长度 1200~1400mm
·护栏分为固定和可调节两种

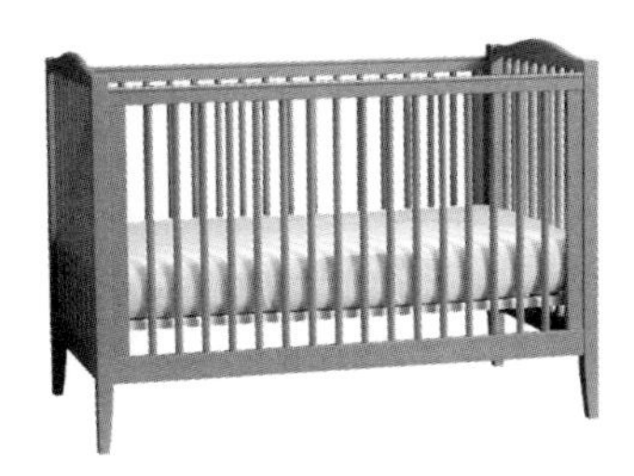

儿童床

·学龄前：年龄 6 岁以下，身高一般不超过 1.2m，可购买长约 1.5m，宽 0.65~0.75m，高度约为 0.4m 的睡床
·学龄期：可参照成人床尺寸购买，即长度为 1.92m，宽度为 0.8m、0.9m 和 1m 三个标准

圆床

·目前市面上常见的双人圆床尺寸有 2400mm × 2300mm × 800mm、2400mm × 2700mm × 800mm、2600mm × 2900mm × 800mm、2600mm × 2520mm × 880mm 等几种
·占地面积大，可供 2~3 人同时使用

双层床

·宽度 720~1200mm
·卧室面积不宜小于 6m²
·可供 2~3 人同时使用

高架床

·宽度 720~1200mm
·选购高架床要注意床铺底面至地面的尺寸，一般净高为 1450~1500mm

抽拖床

·宽度 750~1500mm
·长度 2000mm
·可供 1~2 人同时使用

2 睡床长、宽、高的计算方式

床长	床的长度是指两床屏板内侧或床架内的距离。可参考如下公式：床长 =1.05 倍身高（1775~1814mm）+ 头顶余量（约 100mm）+ 脚下余量（约 50mm）≈ 2000~2100mm
床宽	单人床宽度一般为仰卧时人肩宽的 2~2.5 倍，双人床宽一般为仰卧时人肩宽的 3~4 倍。成年男子肩宽平均为 410mm，因此双人床宽度不宜小于 1230mm，单人床宽度不宜小于 800mm
床高	指床面距地的高度，一般与椅座高度一致，为 400~500mm

❶ 床长　❷ 床宽　❸ 床高

睡床尺寸与适用空间

1.2m 床尺寸：标准尺寸为 120cm × 190cm，也有 120cm × 180cm 和 120cm × 200cm 的尺寸，可按需选择，适合儿童房。

1.5m 床尺寸：一般作为双人床来使用，常见的尺寸为 150cm × 200cm，也有长度为 190cm 的尺寸，但此种长度目前已不常见，适合次卧、老人房。

1.8m 床尺寸：常见尺寸为 180cm×200cm、180cm×205cm 和 180cm×210cm，需要卧室的面积较大，否则会显得拥挤，通常适合主卧。

2m 床尺寸：常见尺寸为 200cm×200cm、200cm×205cm 和 200cm× 210cm，适合更大面积的卧室使用。

睡床的合理摆放尺寸

主卧、客卧、老人房：这类房间的睡床摆放，一定要留足行走空间。例如，床头两侧至少有一侧离墙有 60cm 的宽度，便于从侧边上下床；同时可以摆放床头边桌，方便收纳；若床尾一侧墙面设有衣柜，则床尾和衣柜之间要留有 90cm 以上的过道。另外，这些房间中的睡床最好不要一侧靠墙摆放，尤其是主卧和老人房。如果将双人床一侧紧靠着墙壁布置，睡在里侧的人上下床就会十分不便。

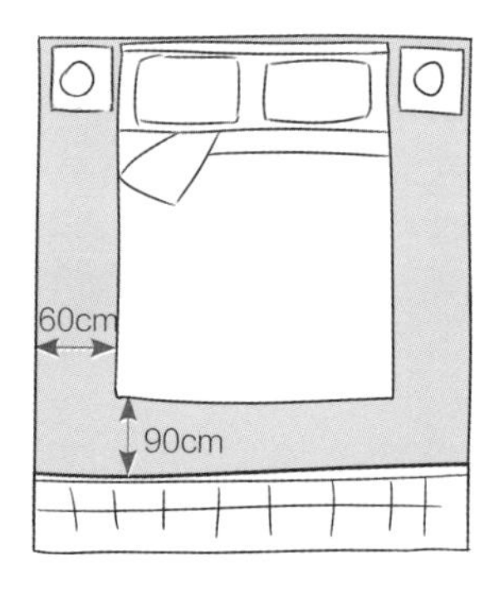

▲ 主卧睡床不建议一侧靠墙摆放

儿童房：儿童房中摆放单人床则非常适合一侧靠墙，可以节省出不少空间。另外，如今二孩政策的开放，使很多儿童房中出现了类似于酒店标间式的睡床摆放方式，在摆放时，预留出足够的空间依然是重点。两张睡床之间至少要留出 50cm 的距离，方便两人行走。

▲ 高低床适合靠墙摆放

▲ 睡床一侧靠墙摆放

▲ 双床摆放需预留空间

榻榻米

家居中的榻榻米属于多功能家具，既可作床，又可以作起居室，也可以作品茗的场所。

榻榻米的常规尺寸

1 榻榻米的尺寸与比例

常见长度：1700~2000mm

常见宽度：800~960mm

常见高度：250~500mm

常规矩形榻榻米的长宽比为长：宽 =2：1

2 不同形态和风格的榻榻米高度

▲没有升降桌时的地台高度为 150~200mm

▲ 有升降桌时的地台高度为 350~400mm

榻榻米高度与空间的关系

具体设计榻榻米高度时，需要考虑空间层高，以及需要储物空间的高度。如果空间层高较高，达到 3m 或 3m 以上，则可以设计 400mm 甚至更高一些的榻榻米；如果层高较矮，则榻榻米的高度就要相应降低。

高度 300mm 的榻榻米

比较适合侧面做储物抽屉。

高度 250mm 的榻榻米

一般适合于上部加放床垫或做成小孩玩耍的空间，以及适合直接代替床或成为休闲空间。

高度 400mm 以上的榻榻米

可以考虑整体做成上翻门式柜体。

床头柜

床头柜属于卧室内的常用家具，但并非必备家具，可以根据需要存储物品的数量来选择具体造型。另外，床头柜不是必须要与床成套购买，但在材质或色彩的设计上建议有呼应。

床头柜的常见尺寸

常规尺寸：宽 40~60cm，深 35~45cm，高 50~70cm，在这个范围以内属于标准床头柜的尺寸。

适宜尺寸：一般情况下，宽 48cm、深 44cm、高 58cm 左右的床头柜即可满足人们日常起居的使用需求；若想摆放更多物品，则可选择宽 62cm、深 44cm、高 65cm 的床头柜。

❶宽 62cm　❷深 44cm　❸高 65cm

床头柜尺寸与睡床的关系

床头柜大小约占床的 1/7，柜面面积以摆放下台灯之后，仍剩余 50%为佳。

床头柜的高度应与床（加床垫）的高度相同。若喜欢较高的床头柜，则要切记不能高于床垫 15cm 以上，以便随时可以拿取物品。

▲ 床头柜摆放装饰品之后，台面仍有空余

常见的床头柜尺寸有：58cm × 41.5cm × 49cm、60cm × 40cm × 60cm 及 60cm × 40cm × 40cm，可以搭配 1.5m × 2m 和 1.8m × 2m 的床。

▲ 床头柜高度与床垫基本持平

▲ 床头柜略高于床垫，但不超过 15cm

梳妆台

梳妆台是供梳妆美容使用的家具。在现代家庭中，梳妆台往往兼具写字台、床头柜、边几等家具的功能。如果配以面积较大的镜子，梳妆台还可扩大室内虚拟空间。

梳妆台的常见尺寸

1 梳妆台的台面尺寸与高度

台面尺寸：通常为 40cm × 100cm，这样的台面比较适合摆放平时常用的化妆品。

高度：一般为 70~75cm，这样的高度比较适合普通身高的使用者。

❶ 100cm
❷ 40cm
❸ 70~75cm

备注：不要忽略与之配套的坐凳高度，要保证坐凳能放入梳妆台下的空间内，同时，应保证使用者就座时的舒适度。

2 不同类型梳妆台的尺寸

类型	尺寸 / mm
大号梳妆台	大约为 400×1300×700
中号梳妆台	大约为 400×1000×700
小号梳妆台	大约为 400×800×700

梳妆台的合理布置尺寸

梳妆台前需要留出 70~75cm 的空间，才能够保证坐着化妆；而如果要从化妆椅背后通过，还需要加上 50cm 的通道空间。

衣柜

衣柜是存放衣物的柜具，在卧室中所占面积较大。衣柜的正确摆放可以让卧室的空间分配更加合理。布置衣柜时，应先明确卧室内其他家具的位置，再根据这些家具的摆放选择衣柜位置。

成品衣柜的常见尺寸

宽度：具体要看所摆放墙面的大小。

深度：无论是成品衣柜，还是定制衣柜，深度基本上都是 60cm。

高度：成品衣柜的高度一般为 200~240cm；定制衣柜一般做到顶设计，充分利用空间。

❶ 高度 200~240cm　❷ 深度 60cm

定制衣柜尺寸与人体工程学

为方便居住者拿取衣物，要考虑衣柜高度是否满足舒适度要求。若业主身高为160cm，她举起手臂能够到的最大高度是 1900mm，则衣柜最上层的隔板最好不要超过 2000mm，衣柜顶部高度最好不超过 2400mm。可将上层隔板设计在距地面1800mm 处，上层隔板距柜顶 600mm，即可令使用者轻松取出上层衣物。但如果房间的层高较高，为避免柜子顶面积灰，可以考虑局部吊顶。

▲ 身高 160cm 的业主最高可以够到 1900mm 高处的衣物

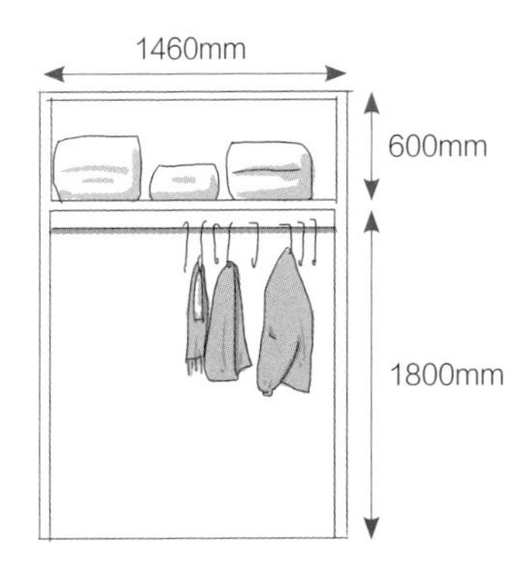

▲ 解决办法 1：符合使用者的高度设计

▲ 解决办法 2：局部吊顶

不同柜门数量的衣柜尺寸

两门衣柜

1200mm × 580mm × 2200mm
适合小户型

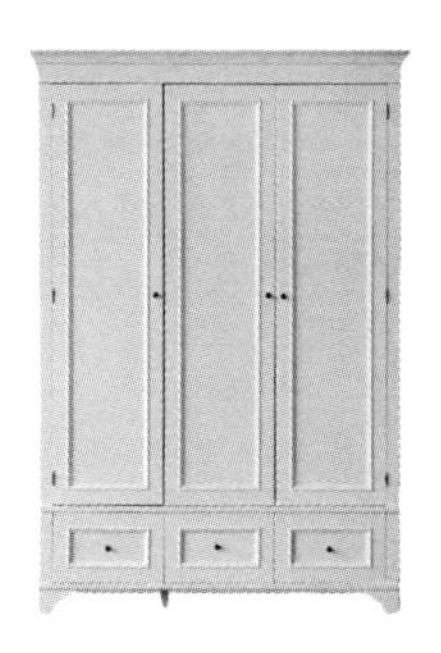

三门衣柜

1350mm × 600mm × 2200mm
适合小户型家居

四门衣柜

1600mm × 600mm × 2300mm
最常见的衣柜类型

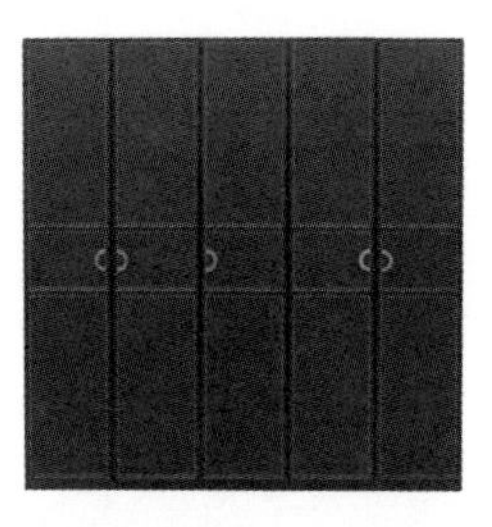

五门衣柜

2000mm × 600mm × 2400mm
适合搭配套装家具

六门衣柜

2425mm × 600mm × 2400mm
适合大户型家居

备注：以上衣柜尺寸仅做参考，不同商家略有差别。

衣柜推拉门的尺寸

标准衣柜推拉门尺寸：通常衣柜尺寸为 1200mm × 650mm × 2000mm、1600mm × 650mm × 2000mm 和 2000mm × 650mm × 2000mm，所以衣柜推拉门尺寸有 600mm × 2000mm、800mm × 2000mm 和 1000mm × 2000mm 三种。

定制衣柜推拉门尺寸：在具体测量衣柜推拉门尺寸时，一定要量柜内尺寸，然后再平均分成两扇或者三扇，千万别忘了门与门之间有重叠的部分。

▲ 测量衣柜推拉门时要考虑门与门之间的重叠部分

衣柜的常规尺寸

1 衣柜常规分区尺寸

衣柜通常分为被褥区、叠放区、上衣区、长衣区、抽屉等几个部分，每一部分的尺寸都有相应的要求，记住这些尺寸，可以为选购和定制做参考。

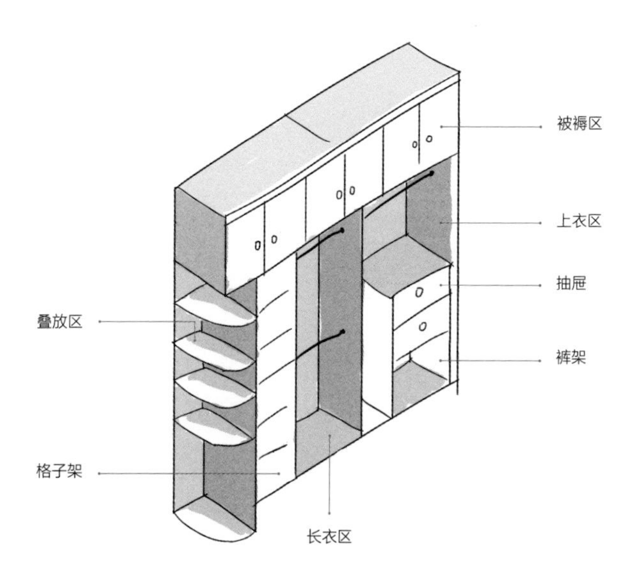

被褥区：高 400~500mm，宽 900mm。

叠放区：高 350~400mm，宽 330~400mm。

长衣区：高 1400~1500mm（不低于 1300mm），宽 450mm（够一人使用）。

上衣区：高 1000~1200mm，挂衣杆到柜顶≥ 60mm（方便拿取），挂衣杆到底板≥ 900mm（防止衣物拖到底板），挂衣杆到地面的距离≤1800mm（考虑身高）。

抽屉：宽 400~800mm，高≥ 190mm。

格子架：高 160~200mm。

裤架：高 800~1000mm，挂杆到底板的距离≥ 600mm（防止裤子拖到底板）。

2 根据使用频率规划衣柜不同区域的高度

人在完成蹲下、伸臂和正常拿取三个动作时，柜体 600~1800mm 这个区域最为省力，因此柜子也可以按照使用频率分为 3 个区域，其中低于 600mm 的区域，需要弯腰或蹲下才可以拿出物品。

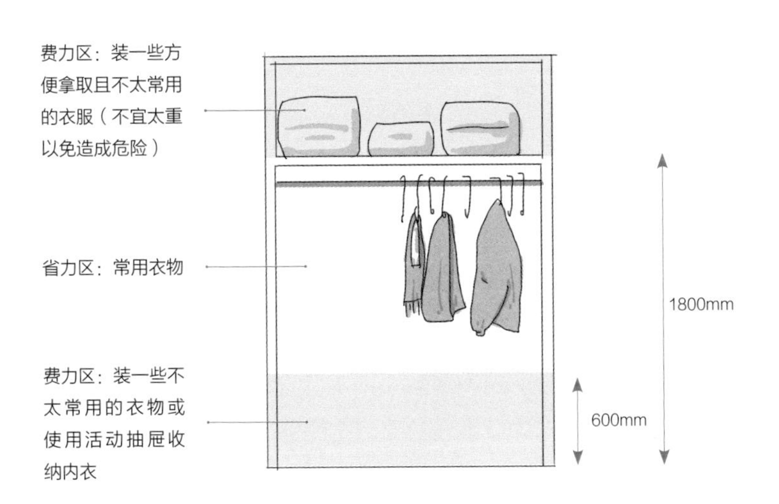

衣柜摆放形式与空间面积的关系

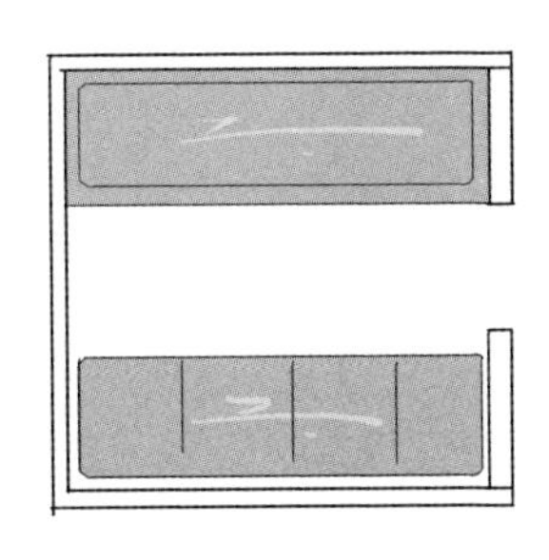

走廊形

·造型灵活，且收纳率最高，适用于小于 5m^2 的衣帽间
·可将男女主人的衣物分开，更方便分类
·若想作为独立衣帽间使用，可以根据墙体尺寸巧妙设计两侧柜体，实现最大程度收纳

L 形

·适合大于 5m^2 的衣帽间
·柜内可安装换衣镜，换衣服时更加方便
·可设置熨衣服区，也可为女主人设置一张梳妆台，使家务和储物区相融

C 形

·适合 7m^2 以上的衣帽间
·具有更明确的分区，可以将更衣、收纳、家务等合为一体
·如果家中闲置物品太多，则需三面都作为储物柜用来收纳，注意转角处要尽量避免狭窄隔板

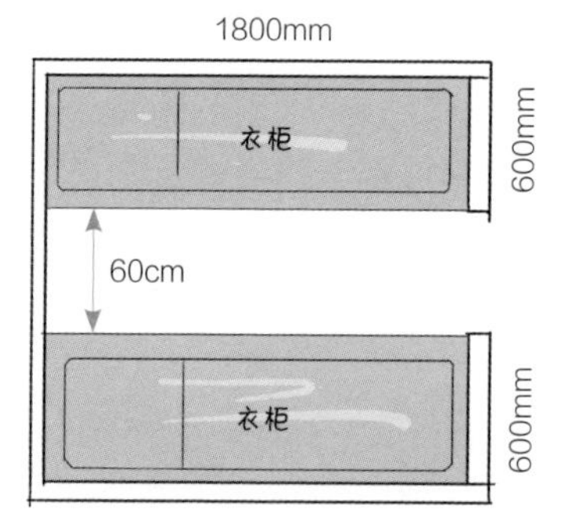

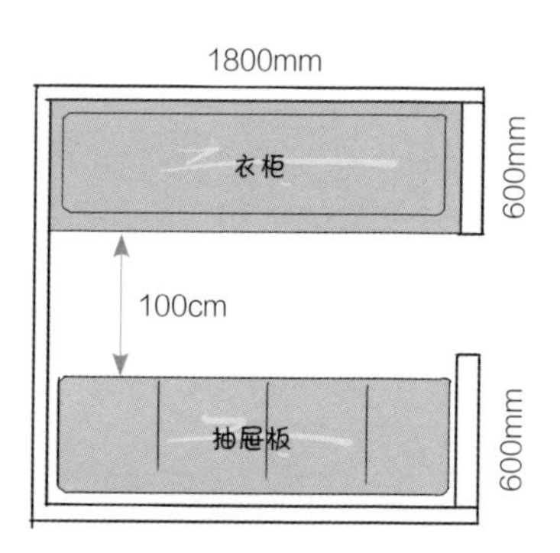

备注： 常规的走廊形衣帽间，中间需留出的60cm过道，可以容纳一个成年人站立走动，拿取衣物。若走廊形衣帽间中，一侧设置衣柜，另一侧设置收纳抽屉，则需给走道留出100cm的距离，方便蹲下拿取衣物。

衣柜与床之间的预留尺寸

设置在床旁边和对面的衣柜，在摆放时需要留有一定的空间。一般来说，人在站立时拿取衣物大致需要 60cm 的空间，如果是有抽屉的衣柜则最好预留出 90cm 的空间。如果不想坐在床上更衣，则衣柜和床之间最好预留出 70~90cm 的空间；而在老人房中，考虑到有时会帮助老人更衣，所以衣柜和床之间的距离最好为 110~120cm。

书桌

书桌是作为书写或阅读使用的家具，通常配有抽屉进行杂物的收纳。书桌选择建议结合书房的格局来考虑。如果书房面积较小，可考虑定制书桌（与书柜一体）；如果户型较大，则独立的整张书桌在使用上更便利。

书桌的常见尺寸

1 成人书桌的尺寸

单人书桌尺寸：单人书桌的宽度一般为 1.25~1.55m，深度为 0.55~0.6m。

双人书桌尺寸：不同厂家的双人书桌尺寸各有不同，可按需选择。

书桌高度：按照我国人口平均身高测算，书桌高度应为 0.75~0.8m；考虑腿放在桌子下的活动区域，要求桌下净高不小于 0.58m。

❶ 1.25~1.55m　❷ 0.75~0.8m　❸ 不小于 0.58m　❹ 0.55~0.6m

2 儿童书桌的尺寸

儿童书桌的深度与成人书桌基本相同，宽度可以缩短到 0.9~1.2m，高度则需根据儿童的身高有所变化：

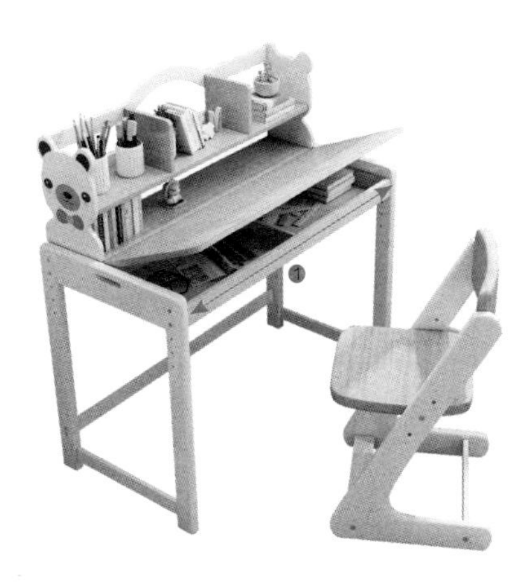

❶ 宽度 1.1~1.2m

7 岁儿童标准身高为 125cm 左右，对应合适的书桌高度为 540mm；

10 岁儿童标准身高为 141cm 左右，对应合适的书桌高度为 610mm；

12 岁儿童标准身高为 152cm 左右，对应合适的书桌高度为 640mm；

14 岁儿童标准身高为 157~165cm，对应合适的书桌高度为 700mm。

[以上数据参考《7 岁 ~18 岁儿童青少年身高发育等级评价》（WS/T 612—2018）和《学校课桌椅功能尺寸及技术要求》（GB/T 3976—2014）]

3 电脑书桌的尺寸

带有书柜的电脑桌比较常见，其尺寸不一，常见尺寸为高 1800~2100mm，深 550~600mm，宽度有 1200mm、1400mm、1500mm 三种尺寸。

❶ 高 1800~2100mm
❷ 宽 1200mm、1400mm、1500mm
❸ 深 550~600mm

书桌的合理摆放尺寸

一些没有书房的家庭，如果卧室的空间允许，往往会考虑在此摆放或定制书桌，作为临时的工作区。在具体摆放时，最好将台面设置在远离床头的位置，避免夜间作业对睡眠区的影响。另外，书桌后需要预留出 75cm 的空间以便走动。

书柜

书柜主要用来存放书籍、报纸、杂志等物品，也具备一定的装饰性作用。书柜色彩宜根据书房面积选择，小书房建议搭配浅色书柜，大书房可搭配深色书柜。

书柜外部尺寸

高度：书柜的适宜高度为 2200mm，若高于这个高度，在使用过程中则需要借助梯子；而定制书柜的高度则可以根据居住者的身高而定，一般是身高加上一个手臂的长度。

宽度根据柜门数量不等

宽度：书柜宽度可根据柜门数量而定，一般两门书柜的宽度为 500~650mm，三门或四门书柜则增加 0.5~1 倍的宽度不等。一些特殊转角书柜和大型书柜的宽度则可达到 1000~2000mm，甚至更宽。

深度：常规情况下，书柜的深度为 280~350mm。若大于 350mm，就会增加取书的难度，也不易于整体预览书籍；若小于 280mm，就容易使书籍掉落。

① 深度 280~350mm　② 适宜高度 2200mm

书柜内部尺寸

1 书柜柜格的高度

书柜格位的高度宜高不宜低，但最高不要超过 80cm。书柜层板的高度，还可以参照书籍尺寸而定。例如，以 16 开书籍的尺寸标准设计书柜隔板层高，为 28~30cm；以 32 开书籍的尺寸标准设计书柜隔板层高，为 24~26cm；一些大规格书籍的尺寸通常为 28.5~40cm，相应层板高度则应为 30~42cm。

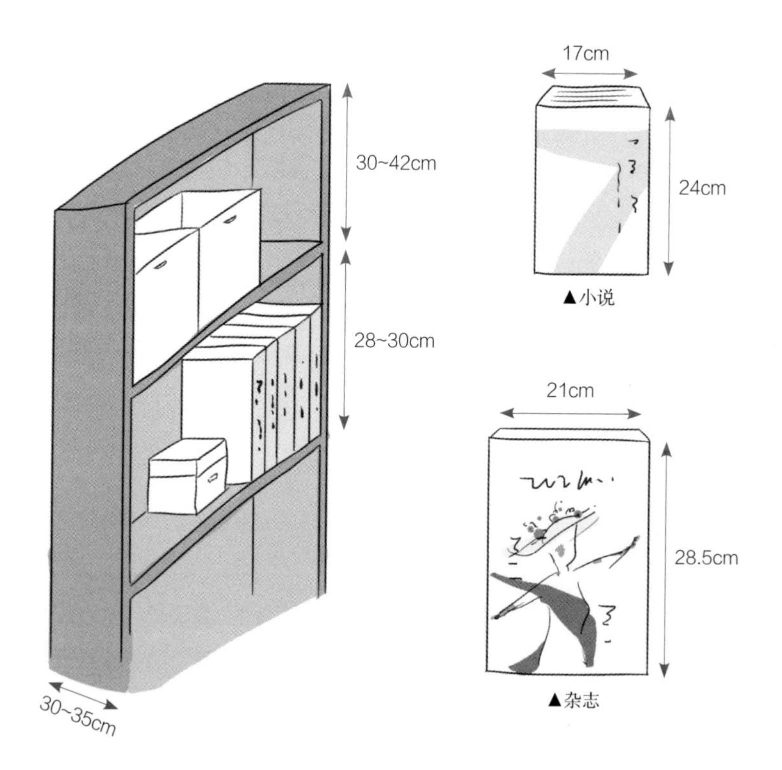

▲小说

▲杂志

2 书柜柜格的宽度

书柜隔板一般为 18~25mm 厚的密度板，宽度需根据材料而定。如果使用的是厚度为 18mm 的刨花板或密度板，格位最大宽度不能大于 80cm；如果使用的是厚度为 25mm 的刨花板或密度板，格位最大宽度不能大于 90cm；如果使用的是实木板，格位的极限宽度一般为 120cm。

另外，书柜层板容易因长期摆放书籍而弯曲变形，因此可依据需要选用 1.8~4cm 的加厚木芯板，或者在层板宽 90cm 处加设立柱来避免层板变形。

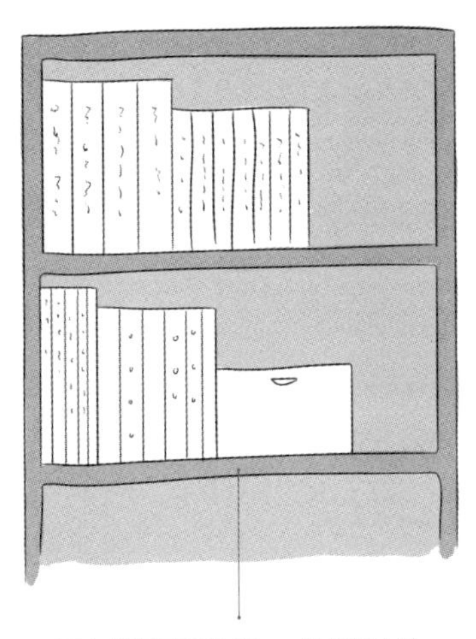

可在书柜层板宽 90cm 处加设立柱

3 书柜柜格的深度

常规书柜柜格的深度一般为 30~35cm。除了常规的书柜，若想把少量的书籍作为展示，也可以选择深度为 14cm 的墙面壁挂搁板，宽度则可根据放置书籍的多少来定，常见宽度有 30cm、40cm、50cm。

玄关柜

玄关柜是设置在入户门处的家具，可以是与家居风格相符的换鞋柜，也可以是作为空间分隔，保护室内隐私的隔断柜；若空间面积允许，还可以是定制款的柜体。

玄关柜深度与鞋子尺寸的关系

玄关中无论设置鞋柜，还是玄关柜，其深度均应考虑鞋子的尺寸。实际情况中，男性与女性的脚长有所不同，但一般不会超过 30cm，因此鞋柜基本深度以 35~40cm 较为适宜。但若想把鞋盒也放进鞋柜中，则深度至少为 40cm。

成品鞋柜的尺寸

高度：应以便于使用者取放鞋子为宜，也可作为换鞋时的扶手，为 800~1200mm。

宽度：根据家居情况可选择适宜的宽度，一般宽度都在 600mm 以上，最小可以做到 500mm。

深度：视鞋柜结构而定，鞋的摆放有平置式和斜置式两种，平置式深度通常大于鞋长，为 300~350mm；但有些家庭的玄关深度不足，可以考虑斜置式鞋柜，其深度可缩小到 260mm。

❶ 高度为 800~1200mm　❷ 宽度为 600mm 以上　❸ 平置式鞋柜深度为 300~350mm

定制鞋柜的尺寸

定制鞋柜相较于成品鞋柜，更适合居住者使用，可以减少被浪费的区域。在具体定制时，可根据居住者的藏鞋量，以及鞋的款式来设置具体尺寸。

1 常规鞋子高度的尺寸范围

分类	附加条件	高度范围 / mm
高筒长靴	鞋筒高度≥ 340mm	340~620
中筒靴	鞋筒高度≥ 210mm	210~330
短靴	鞋筒高度≥ 140mm	140~250
超高跟鞋	单鞋（不包括靴子）、凉鞋	135~190
高跟鞋	单鞋（不包括靴子）、凉鞋	115~165
中跟鞋	单鞋（不包括靴子）、凉鞋	95~125
低跟鞋	单鞋（不包括靴子）、凉鞋、休闲鞋	75~95
拖鞋	平底拖鞋、平底凉鞋	50~70

注：鞋跟高在 30mm 以下的为低跟或平跟，30~60mm 之间的为中跟，60~80mm 之间的为中高跟，超过 80mm 的为高跟。

2 定制鞋柜的间隔高度

通过了解鞋的高度范围，可以大致推算出鞋柜间隔的高度。例如，放高跟鞋的区域可以做到 180mm，放中低跟鞋的区域做到 150mm 已经足够。但由于一年四季常穿的鞋各有不同，在定制小鞋柜时，可以考虑设置可调节层板，根据鞋子的高度缩短和调整间距，增加层数，扩大容量，适用性也更强。

定制鞋柜的深度，同样可以根据鞋的尺寸来定。一般来说，摆放女性的鞋，深度 30cm 即可；若摆放男鞋，则需要 35cm；如果有条件，选择 40cm 的最佳。

▲ 通过调节层板的高度，可以摆放相宜高度的鞋

定制到顶的玄关柜尺寸

1 定制鞋柜的高度和宽度

若空间面积允许，选择定制到顶的玄关柜是增加居室储物功能的绝佳方法。国内户型的层高一般为 2.8m 左右，因为板式家具的柜体一般为 2.4m 高，所以玄关柜也一般做到这个高度，顶上用石膏板封起即可。玄关柜的深度可以设置为 350~400mm，如果有足够的走道空间，也可以达到 400mm 以上，但最多不要超过 450mm。

❶ 高度一般为 2.4m　❷ 宽度根据空间情况而定　❸ 深度一般为 350~400mm

2 定制玄关柜其他空间的相关尺寸

定制玄关柜不仅要有收纳鞋子的空间，同时也要考虑一些其他常用品的收纳尺寸。例如，往往会收纳一些过季衣物，或不常用的被褥等，其具体尺寸可以参考衣柜。若要增加雨伞收纳空间，则有两种方式。较常见的是直接在鞋柜下方90~100cm的高度处，设计一小段衣杆作为雨伞的吊挂空间；折叠伞部分则简单设计一小块层板放置即可。更简单的方式为将鞋柜做得略深一点，并直接将门板后退8cm，直接在门板后方安放挂钩，做吊挂收纳即可。

玄关装饰柜尺寸

玄关装饰柜可以是低柜，也可以是条案状与半圆状的小桌。高度通常为750~900mm，宽度视空间条件而定，但大小比例都应与立面墙比例协调；深度为350~400mm，最深不超过500mm。

❶ 高度通常为 750~900mm　❷ 宽度视空间条件而定　❸ 深度为 350~400mm

玄关换鞋凳尺寸

为了让使用者能更方便地弯腰穿鞋，置于玄关的换鞋凳高度需略低于一般沙发，最好为 38cm 左右。但如果不想浪费这个特别规划的使用空间，不妨做到 40cm 的深度，便于作为小型鞋柜使用。

❶ 高度为 38cm 左右　❷ 深度为 40cm

玄关柜形态与玄关面积的关系

不同的玄关格局，呈现出的设计形态也不同。一般来说，玄关的最小尺寸约为150cm，以保证两人可以并行通过。若玄关大于此尺寸，则可以考虑设计不同的玄关柜形态。

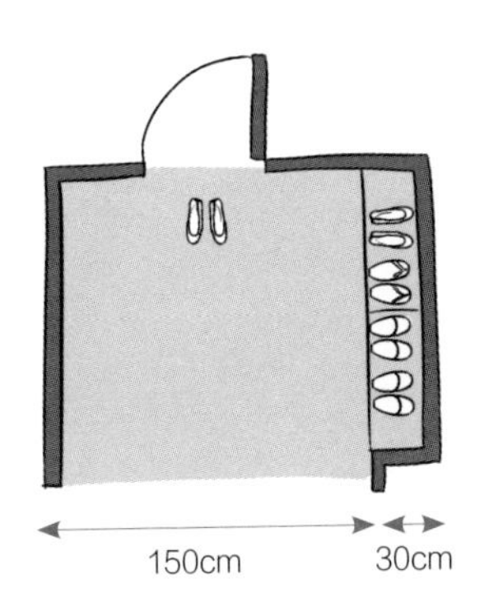

▲多了 30cm 等于多了一个鞋柜，实用功能增加

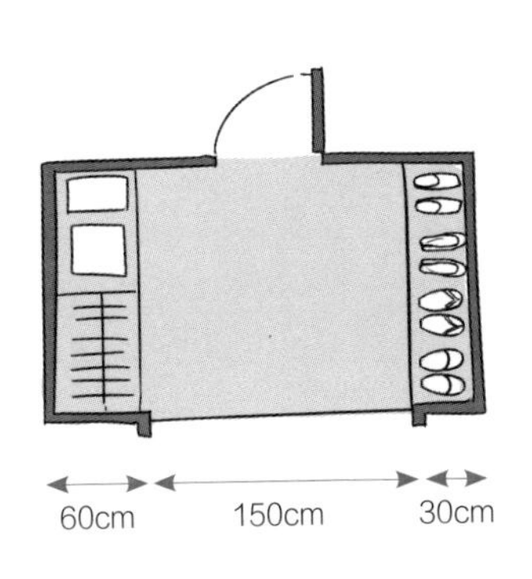

▲增加 60cm 可以设计收纳柜，拥有强大的收纳功能

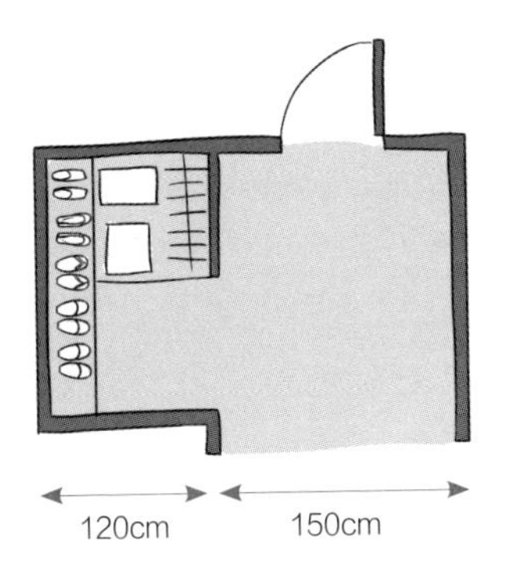

▲将鞋柜和收纳柜结合起来设计，多出一处衣帽间

玄关柜与入户门的合理间距

1 狭长形玄关的鞋柜配置方式与相关尺寸

狭长形玄关受限于宽度，为保证开门及出入口顺畅，鞋柜与入户门平行配置为佳，但玄关柜与入户门最好保持 1.2m 或以上的距离，最小不宜小于 1m，否则会给人带来逼仄感，且使用起来十分不便。柜体宽度也最好依入户门尺寸进行调整，以免与入户门相互阻碍。

❶ 玄关柜与入户门的距离最好为 1.2m 以上

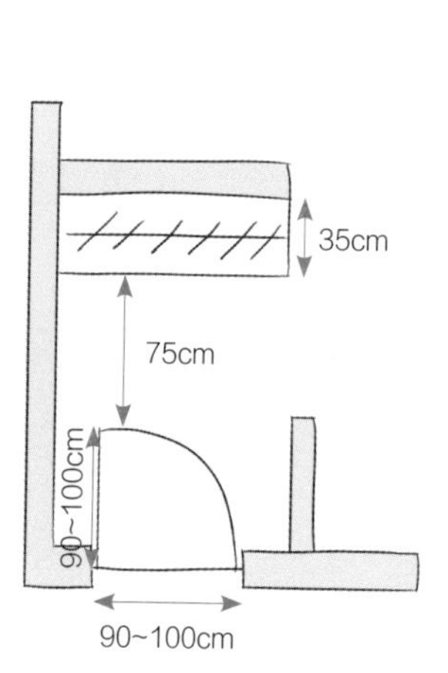

▲ 入户门回旋半径范围内，不放置柜体

2 横长形玄关的鞋柜配置方式与相关尺寸

若玄关的宽度足够，鞋柜可置于入户门后侧。但在小空间中，鞋柜和入户门的门扇无法同时打开，会互相干扰，入户门打开时会撞到鞋柜。为避免这一问题，可以考虑加装门挡。同时，入户门与鞋柜的间距最好保留 5~7cm，考虑到鞋柜的常规深度为 35cm，因此入户门离侧墙至少需要有 40cm，才能保证玄关柜的合理放置。

× 鞋柜门扇和入户门相互干扰

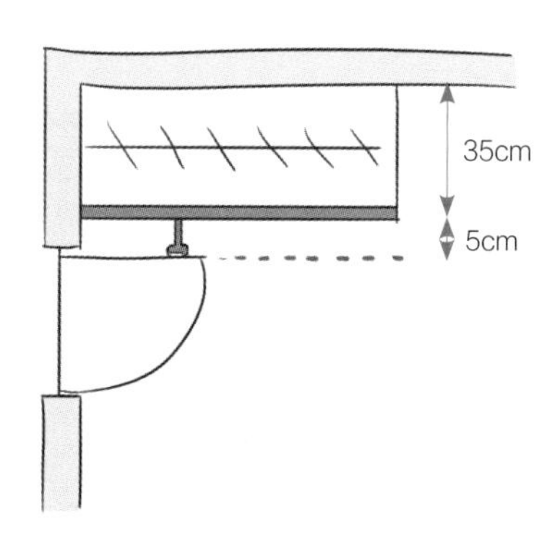

√ 鞋柜缩进 5~7cm

整体橱柜

整体橱柜是将橱柜与操作台、厨房电器以及各种功能部件有机结合在一起，并按照业主家中厨房结构、面积以及家庭成员的个性化需求，通过整体配置、整体设计、整体施工，最后形成的成套产品。

从人体工程学考虑橱柜尺寸

1 橱柜的立面尺寸

工作台面到地面的距离：市面上橱柜的高度大多为 80~90cm（含台面），还可以根据主妇的身高来计算，工作台面到地面的距离 = 身高 (cm)/2+50cm。

吊柜底到地面的距离：适宜的距离为 155~160cm，尽量保证在这个范围之间，否则容易碰头。

吊柜顶到地面的距离：一般为 225cm，若高于这个高度，使用者很容易够不到吊柜里的物品。

吊柜底到工作台面的距离：橱柜上方的吊柜底距离台面的距离为 50~60cm。

❶ 80~90cm　❷ 155~160cm
❸ 一般为 225cm　❹ 50~60cm
❺ 30~40cm　❻ 60cm

2 橱柜的平面尺寸

油烟机到灶台的距离：可以根据使用者的身高来做适当调整，一般不宜超过60cm；此外，这个距离也应考虑油烟机的吸力强弱，适宜在75cm以下，不影响使用，也使整体视觉更为整洁。

灶台台面到橱柜台面的最佳距离：因炒菜和清洗行为的主要工作部位有所差异，如炒菜应考虑手肘的用力便捷，而清洗则要考虑缓解腰部压力，因此，若燃气灶比橱柜台面略低约5cm，则会令使用更便利，使用者在做饭时也更容易看到锅里的情况。

以身高160cm的使用者为标准，最符合人体使用的台面高度应是燃气灶台面约85cm，橱柜台面约90cm，计算方式如下：

最符合手肘使用：燃气灶台面高度 =（身高 /2）+5cm

最符合腰部使用：橱柜台面高度 =（身高 /2）+10cm

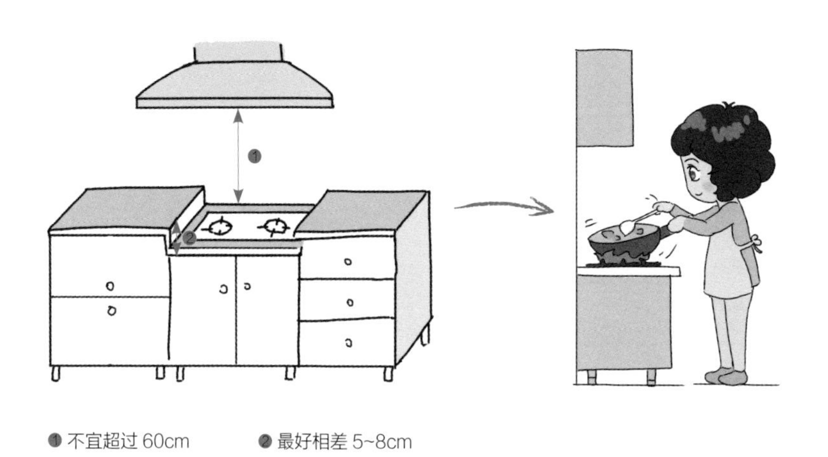

❶ 不宜超过60cm　　❷ 最好相差5~8cm

3 操作区域的尺寸

厨房工作台面，需要考虑使用面积的区域主要包括：备餐区、盛盘区、沥水区。每个区域都需要有独立的使用空间，使烹饪工作井然有序，一气呵成。

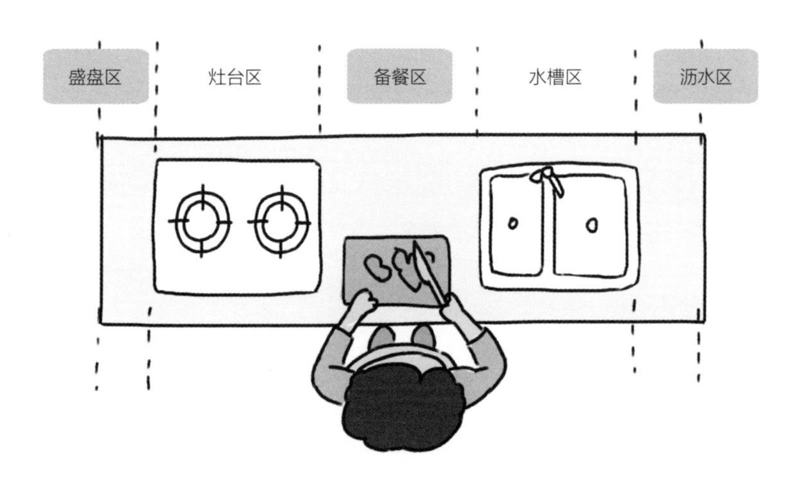

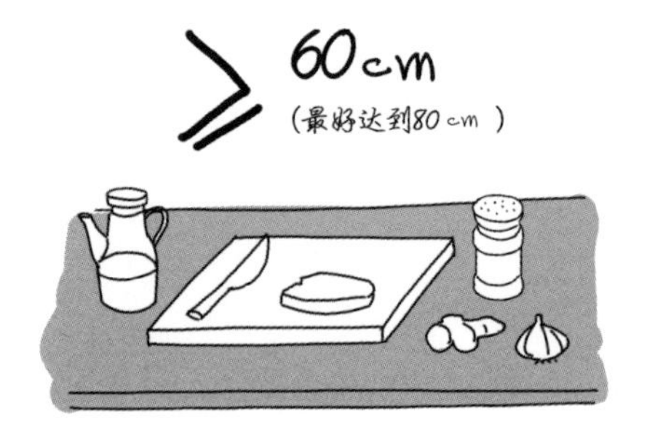

备餐区

·放置砧板、菜刀，以及切菜的区域称为备餐区

·需要在这里完成的活儿最多，需要摆放的东西也最多

·宽度应≥60cm，可依需求增加宽度，最好达到80cm

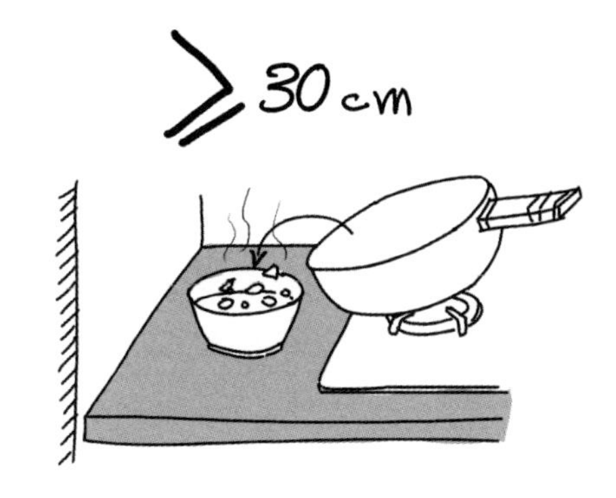

盛盘区

·从灶台到墙边的区域称为盛盘区

·在这里预留适当面积的好处是：可提前在此放好盘子，炒完菜装盘，十分便捷

·宽度应不小于 30cm

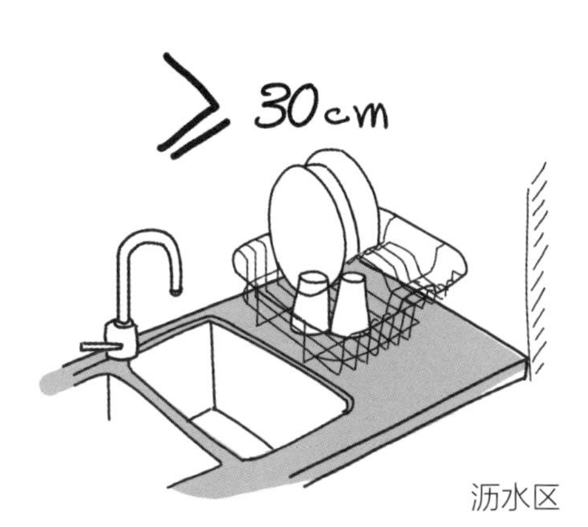

沥水区

·从水槽到墙边的区域称为沥水区

·在这里预留适当面积，可以搁置沥水架，洗完碗盘，在此控水，干净卫生

·宽度应不小于 30cm

整体橱柜不同柜体的尺寸

1 吊柜尺寸

厨房吊柜多采用平开门或上掀式门，内部则以简易层板做活动式设计为主，常收纳一些重量轻、较少使用的备用品。其深度较浅，一般为 30~35cm，最深不宜超过 45cm，以保证拿取物品的便捷性。

2 地柜尺寸

地柜受限于五金、家电规格，尺寸变化有限。就操作区域的台面而言，多半需根据水槽和燃气灶的深度而定。常见的深度为 600~700mm，不宜过深，否则不便于拿取物品。

3 电器柜尺寸

若考虑将微波炉、电饭锅等小家电放置于橱柜柜格中直接使用，最好配置在橱柜的中高段。一般微波炉和烤箱的高度为 22~30cm，宽度为 35~42cm，深度为 40cm；电饭锅的高度则多为 20~25cm，深度为 25cm 左右。同时，应考虑电器的散热问题，柜体深度应不小于 45cm。若厨房面积有限，只考虑小家电的收纳，则橱柜深度为 35~40cm 即可。

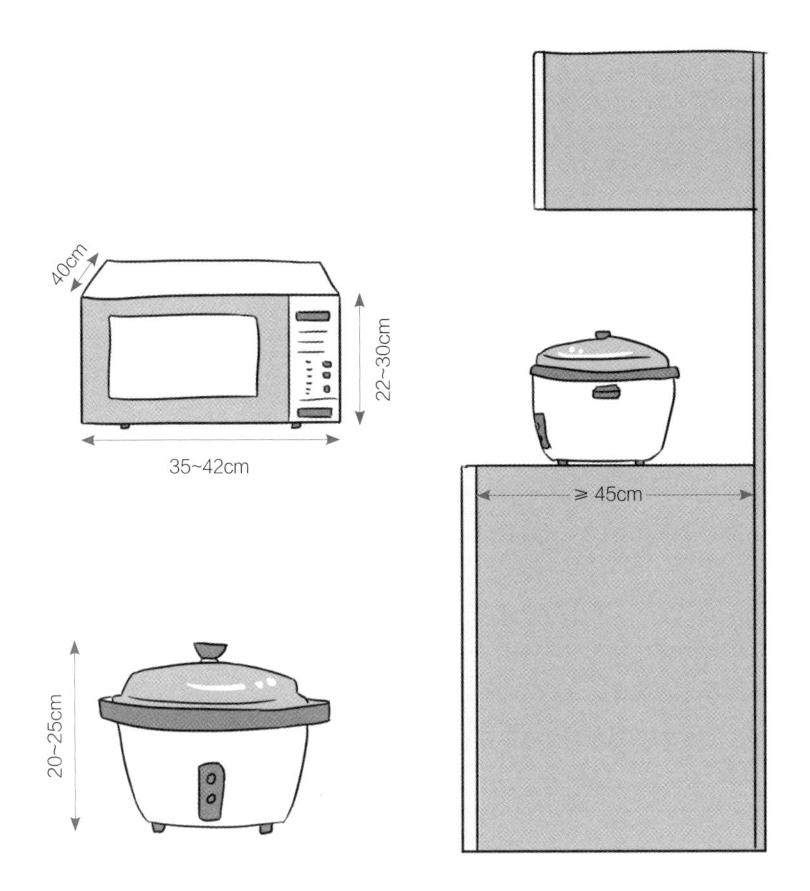

4 抽屉尺寸

由于厨房需要收纳的零碎物品较多，而抽屉则具有拿取方便和一目了然的优势。因此，在橱柜中适当多做抽屉，可以解决收纳难题。

刀叉、汤匙：这类物品的体量较小，用高度较低的抽屉收纳即可，抽屉高度尺寸为 8~15cm。通常可以位于地柜的第一二层，内部可以用收纳格或盒子分类收纳。

大型锅具、炒盘：适合用大抽屉或拉篮收纳于地柜的下层，抽屉的常见高度为 30~40cm。这类抽屉的深度一般不做到底，以 50cm 左右最为适宜。

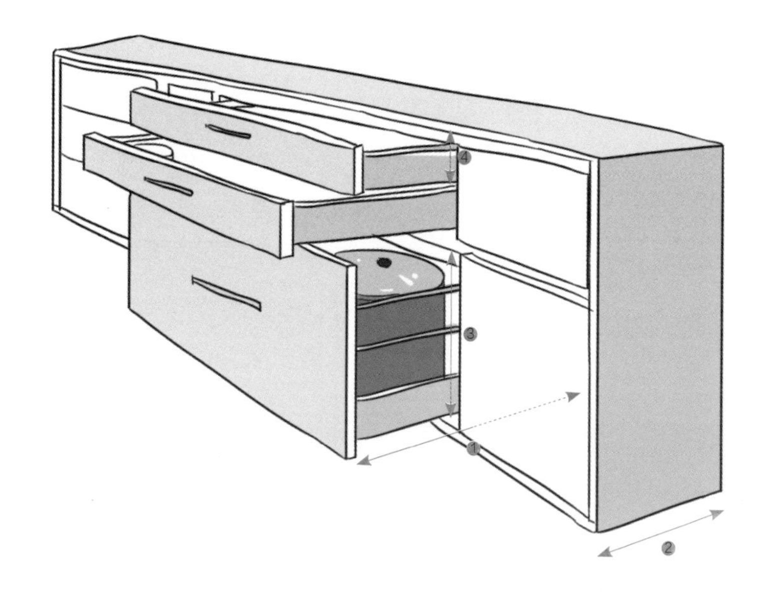

❶ 50cm 左右　❷ 60cm　❸ 30~40cm　❹ 8~15cm

5 畸零空间柜尺寸

L 形橱柜或 U 形橱柜往往会遇到转角问题，在这个约为 60cm × 60cm × 85cm 的立体空间中，可运用一些旋转拉篮来争取最大限度的使用空间。另外，橱柜中也会出现一些既狭窄又尴尬的畸零空间，可选用较窄的侧拉篮，来增加收纳功能，常见尺寸通常不大于 30cm，深度会配合厨具做到约 60cm。

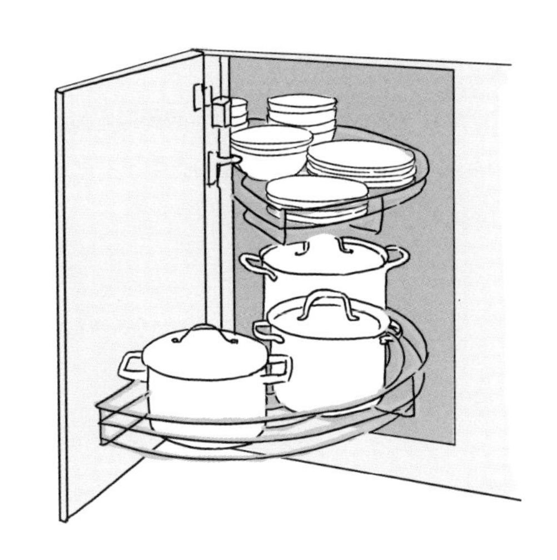

▲ 旋转拉篮可以充分利用畸零空间

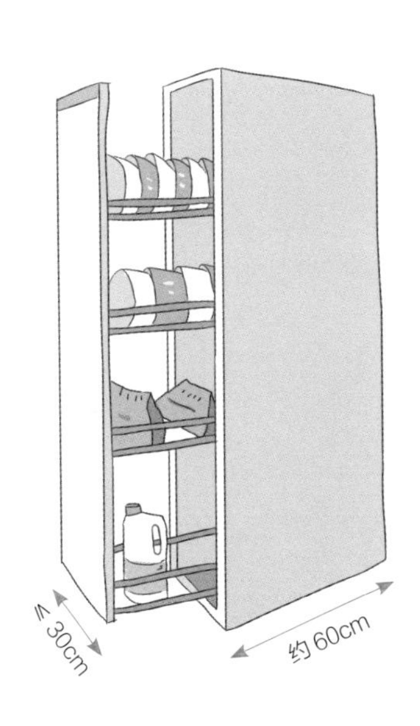

6 升降柜尺寸

从人体工程学的角度来看，当收纳空间位于距地面高度 180cm 以下时，使用起来最为方便。但从空间最大化利用的角度出发，往往会设置上部吊柜，不妨使用升降柜来打破高度限制。升降柜常见的宽度尺寸有 60cm、80cm、90cm 等。

❶ 升降柜宽度尺寸为 60cm、80cm、90cm 不等

厨房家具的模数

1 灶具模数系列

项目	模数系列
宽度 *W*	6M、8M、9M、10M、12M
深度 *D*	5.5M、6M、6.5M、7M

续表

项目	模数系列
高度 *H*	7.5M、8M、8.5M、9M

2 洗涤柜模数系列

项目	模数系列
宽度 *W*	6M、8M、9M、10M、12M
深度 *D*	5.5M、6M、6.5M、7M
高度 *H*	7.5M、8M、8.5M、9M

3 操作台柜模数系列

项目	模数系列
宽度 *W*	1.5M、2M、3M、4M、5M、6M、7.5M、8M、9M、10M、12M
深度 *D*	5.5M、6M、6.5M、7M
高度 *H*	7.5M、8M、8.5M、9M

4 吊柜模数系列

项目	模数系列
宽度 *W*	3M、3.5M、4M、4.5M、5M、6M、7M、7.5M、8M、9M
深度 *D*	3.2M、3.5M、4M
高度 *H*	5M、6M、7M、8M、9M

备注： M 是国际通用的建筑模数符号，1M=100mm。

厨房设备的开口高度

1 厨房嵌入式柜体的开口高度

单位：mm

家具尺寸		450（4.5M）	500 (5M)	600 (6M)	700 (7M)	800 (8M)	900 (9M)
开口高度	330		+	+	–	–	–
	360		+	+	–	–	–
	420		+	+	–	–	–
	450	–	+	++	–	–	–
	480	–	–	–	–	–	–
	560	–	–	++	–	–	–
	590	–	+	++	+	+	+
	680	–	–	++	–	–	–
	720	++	–	++	–	–	–
	770	++	–	++	–	–	–
	820	++	–	++	–	–	–
	880	+	–	++	–	–	–
	1080		–	+	–	–	–
	1180		–	–	–	–	–
	1220		–	++	–	–	–
	1280		–	–	–	–	–
	1380		–	+	–	–	–
	1480		–	+	–	–	–
	1580		–	+	–	–	–

续表

家具尺寸		450（4.5M）	500 (5M)	600 (6M)	700 (7M)	800 (8M)	900 (9M)
开口高度	1680		-	-	-	-	-
	1780		-	+	-	-	-
	1880		-	-	-	-	-
	1980		-	-	-	-	-

注：1. 开口高度的误差为$^{+10}_{0}$。
2. 所有高度尺寸均用于 550mm 深度，此外 330mm、360mm、420mm、450mm 宜考虑用于 310mm 深度。
3. “++”表示第一优先尺寸；“+”表示第二优先选择尺寸；“-”表示可以接受，但不推荐采用的尺寸，其余为不应采用的尺寸。

2 厨房嵌入式灶具开口宽度

单位：mm

家具尺寸		600(6M)	750(7.5M)	800(8M)	900(9M)
开口宽度	280	+	-	++	+
	530	+	-	++	++
	560	+	-	++	++
	600		+	++	++
	660		-	++	++
	700			+	+
	760			-	+

注：1. 开口宽度的误差为$^{+10}_{0}$。
2. “++”表示第一优先尺寸；“+”表示第二优先选择尺寸；“-”表示可以接受，但不推荐采用的尺寸，其余为不应采用的尺寸。

整体橱柜形态与厨房面积的关系

一字形橱柜

·将洗涤槽、操作台、灶台排列在一条线上，符合清洗、加工、烹饪的顺序
·为方便操作，设计的工作台不宜太长，否则会使工作活动路线增加，降低效率
·结构简单明了，节省空间面积
·需要空间面积 7m^2 以上，适合狭长厨房，长度 2m 以上的空间
·地柜和吊柜之间的空间应好好利用，可在墙壁安装一排隔架，把调料瓶、铲子、小盘等小件物品摆放其上
·适合小户型家庭，希望节省空间，并擅长合理安排收纳及操作台的消费者

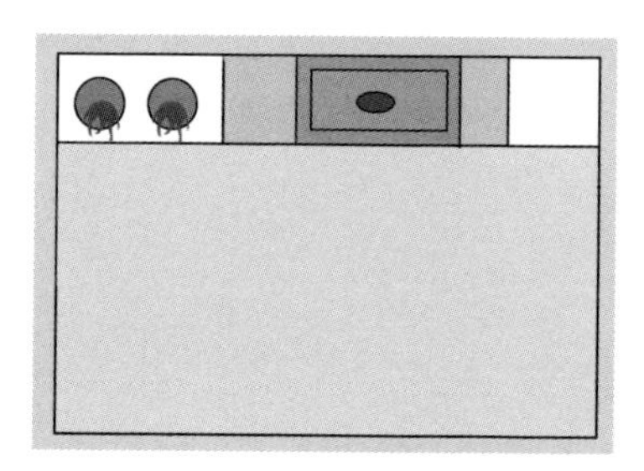

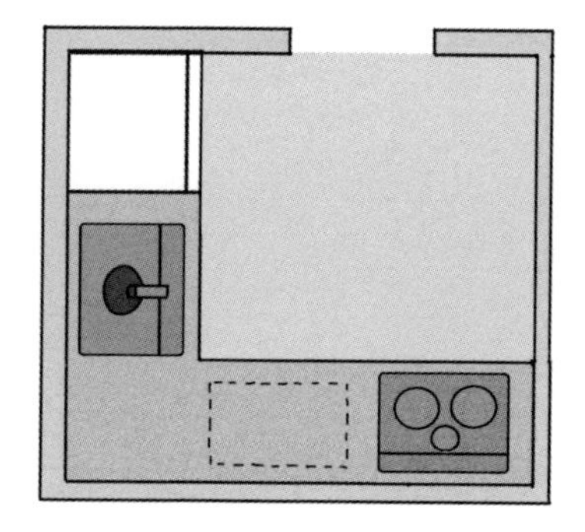

L 形橱柜

·把工作区沿墙作 90° 双向展开，依据烹调顺序置于 L 形的两条轴线上
·转弯处一部分台面是死角，灶台不要设置在这里，否则烹饪时没有足够空间操作炊具
·若空间充足，可把橱柜的一个转角设计成小吧台，将榨汁机、咖啡壶等小型电器放在此处，再用鲜花等小饰品来增添厨房情调
·厨房的两面最好长度适宜，且至少需要 1.5m 的长度；如果面积过小，宽小于 1.8m，其优势就很难发挥出来

U 形橱柜

- 能充分展现各种功能，可根据生活习惯安排操作区、洗涤区、烹饪区、储物区等区域，形成良好的三角形厨房动线
- 水池最好放在 U 形底部，并将储备区和烹饪区分设两旁，使水池、冰箱和灶台连成一个正三角形
- 两边柜体之间的距离宜为 120~150cm，最好不要超过 300cm，以使三角形的总长在有效范围内
- 适合面积较大的长方形厨房，空间面积需≥4.6m^2，两侧墙壁之间的净空宽度在 220cm 以上
- 适合希望增加厨房内的活动区域、促进家人情感交流的消费者

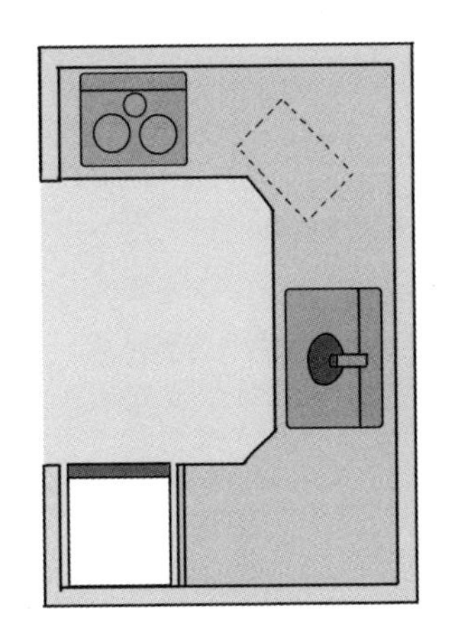

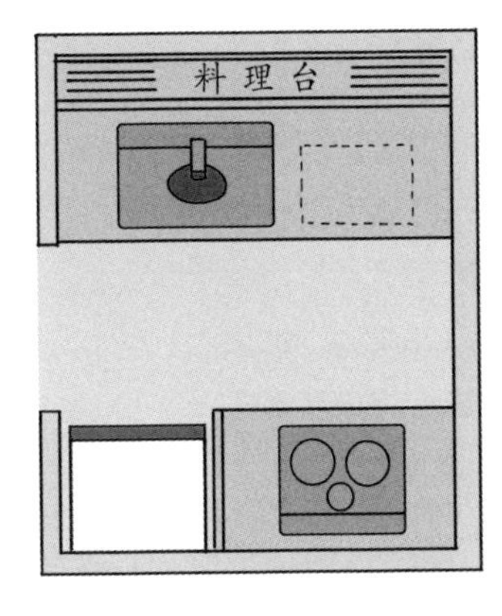

走廊形橱柜

- 将工作区沿相对的两面墙平行布置，清洁区、配菜区在一边，烹调区在另一边，分工明确
- 动线比较紧凑，可以减少来回穿梭的次数
- 一般在狭长形的空间中出现，使用效率较低

备注： 在走廊形、L 形及U 形三种厨房布置方案的路线中，完成相同内容、相同数量的工作时，如以走廊形所需时间及完成工作总路程为1，则在L形厨房中总路程可缩至60%~65%，所需时间可降至65%；而在U形厨房中，总路程可缩至58%，时间也缩短了40%。

整体橱柜的合理动线距离

厨房里的布局是按照食品的贮存和准备、清洗和烹调这一操作过程安排的，应沿着三项主要设备，即炉灶、冰箱和洗涤池组成一个三角形。因为这三个功能通常要互相配合，所以要安置在最合适的距离以节省时间和人力。这三边之和以 3.6~6m 为宜，过长和过短都会影响操作。

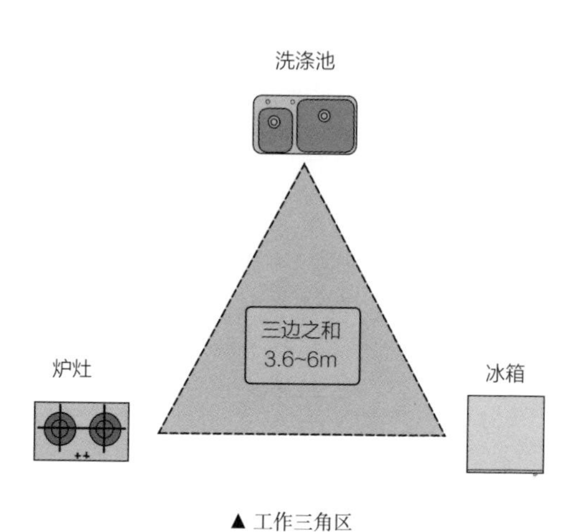

▲ 工作三角区

餐具储藏区
洗涤区
准备区
食品储藏区
烹饪区

▲ 三角形工作空间又可以根据其具体功能的不同进行更细致的划分：餐具储藏区、食品储藏区、洗涤区、准备区、烹饪区

通过图示分析操作步骤，会发现在厨房进行操作时，洗涤区和烹饪区的往复最频繁，应把这一距离调整到 1.22~1.83m 较为合理。为了有效利用空间、减少往复，建议把存放蔬菜的箱子、刀具、清洁剂等以洗涤池为中心存放，在炉灶旁两侧应留出足够的空间，以便于放置锅、铲、碟、盘、碗等器具。

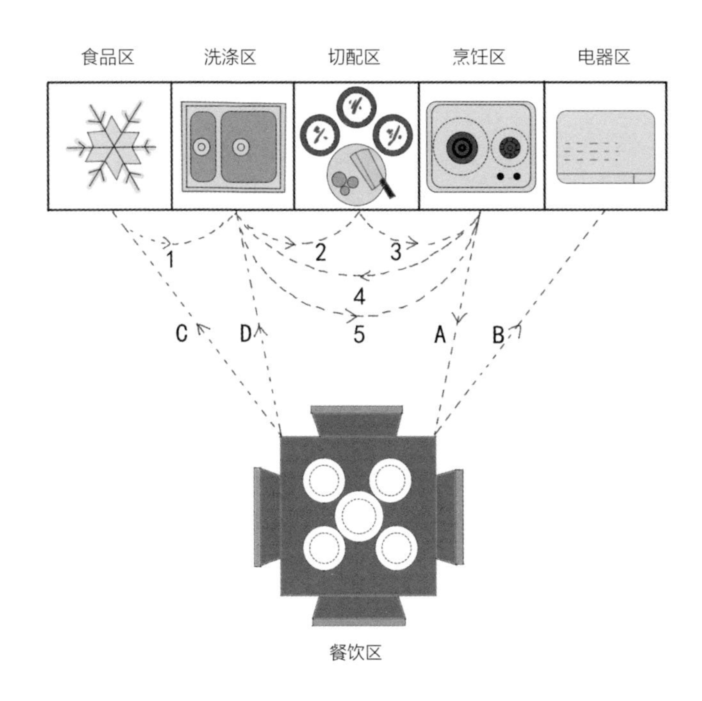

▲ 数字为厨房内部动线，字母为用餐区和厨房之间的动线

浴室柜

浴室柜是卫生间中放置物品的柜子，除了具有分门别类的收纳功能，使卫生间变得井然有序外，还可以作为卫生间中的视觉亮点。

浴室柜的常见尺寸

1 浴室柜的高度

落地式浴室柜的标准高度为从地面到面盆上边缘 80~85cm(包含面盆高度)，四脚式浴室柜的高度基本和落地式一致，但柜底到地面最少要保持 15cm 的距离。另外，浴室柜的高度可以根据使用者的身高和习惯，在这个大致的范围内进行调节，应保证弯腰时不觉得过于辛苦。若家中有长者或小孩，也可以考虑降低浴室柜的高度，建议在 65~70cm 之间。

2 浴室柜的宽度

浴室柜的宽度一般结合居住者使用情况而定，标准宽度为 800~1000mm（一般包括挂柜在内）。若卫生间面积较小，只放台盆，则宽度为 500mm 左右。另外，浴室柜除了标准宽度，也有 1200mm 宽的；而欧式浴室柜的宽度则要更大些，因其大部分要加上边柜，可达到 1600mm。

3 浴室柜的深度

浴室柜的深度取决于面盆尺寸。面盆的常见深度为 48~62cm。浴室柜则依照面盆大小再向四周延伸，一般深度不会超过 65cm。

❶ 地面到面盆上边缘 80~85cm　❷ 标准宽度约为 800~1000mm

❸ 深度 48~65cm　❹ 四脚式浴室柜柜底到地面最少要保持 15cm

4 浴室柜的柜格高度

浴室柜多用来收纳洗浴用品、清洁用品，以及卫生用品。一般情况下，单一柜格的高度为 25cm，即可收纳大多数的清洁用品。也可以单独设置收纳毛巾的柜格，高度约为 20cm，也可以分隔成 8~10cm 的两层。

❶ 放置清洁用品的柜格高度约为 25cm

❷ 放毛巾的柜格高度约为 20cm，也可以分隔成 8~10cm 的两层

5 镜柜尺寸

❶ 镜柜的高度大多为 600~700mm
❷ 镜子安装高度为 160~180cm
❸ 柜面下缘离地高度为 100~110cm

高度和深度：镜柜的高度大多为 600~700mm，深度则多设定为 120~150mm，常收纳一些牙膏、牙刷、刮胡刀等轻小型物品。

安装高度：镜柜的安装高度要根据使用者的身高和习惯而定。一般来说，镜子的高度要和人的视线等高，一般为 160~180cm，这个高度也是拿取柜内物品最轻松的高度。另外，镜柜一般安装在主柜中间，环两边各缩进 40~120mm，柜面下缘离地高度通常为 100~110cm。

手触到镜柜内部的距离：在使用镜柜时，使用者与镜柜之间有洗手台，因此应考虑手触到镜柜内部的尺寸，建议距离为 45~60cm。

▲ 内嵌式镜柜

▲ 外凸式镜柜

6 边柜尺寸

有些浴室柜还会配上边柜，其宽度一般为 300mm 左右；深度为 120~150mm；高度则比较灵活，有些边柜高度与镜子高度一样，而有些边柜会高过镜子，达到 1000mm 以上。

❶ 深度为 120~150mm　　❷ 宽度约为 300mm

浴室柜与卫生间面积的关系

卫生间面积决定了浴室柜的大小，通常浴室柜占卫生间面积的 1/9~1/8 最为合适。

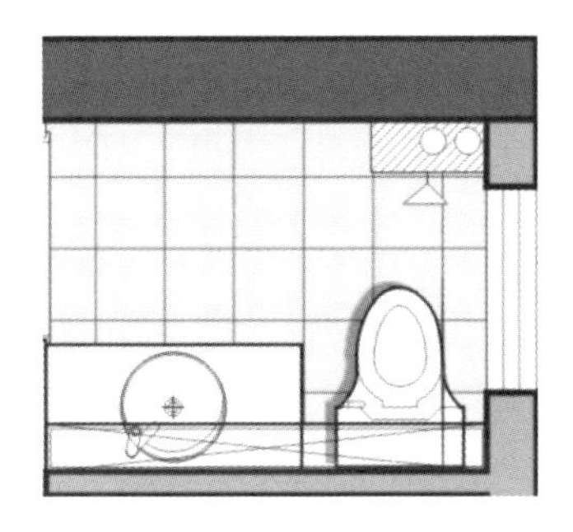

浴室柜的合理布置尺寸

1 与浴室柜相关的动线尺寸

在一些面积较大的卫生间中，盥洗区、如厕区和沐浴区的分区明确，因此会出现多人出入卫生间的情况。通常单人肩宽约为 52cm，若要行走顺畅，需留有 60cm 的过道。而单人的侧面宽度为 20~25cm，因此，一人盥洗，另一人从后方经过时，浴室柜前方应需留出 80cm 的（20cm+60cm）距离为佳。

2 浴室柜与如厕区、淋浴区并排时的布置尺寸

在一些长方形的卫生间中，常常会将盥洗区与如厕区、淋浴区并排设立。一般洗手台和坐便器会配置在离门口近一点儿的位置，两者之间留有 20~25cm 的距离最合适（从马桶水箱量起）。

❶ 浴室柜和坐便器之间最好保留 20~25cm 的距离

3 浴室柜与坐便器相对时的布置尺寸

在正方形空间中，由于空间长度和宽度尺寸相同，因此如厕区、盥洗区和沐浴区无法并排设置。通常会将坐便器和洗手台相对配置或呈 L 形布置，以缩短使用长度。两者相对布置时，最好留有 60cm 的距离。

❶ 浴室柜与坐便器相对布置时应留有 60cm 的距离

4 浴室柜与坐便器呈 L 形时的布置尺寸

若坐便器与浴室柜呈 L 形布置，则需考虑浴室柜门开启时，是否会碰到坐便器。另外，有些浴室柜带有抽屉，则要考虑抽屉能否完全拉出。由于浴室柜的宽度一般为 50~65cm，因此，抽屉拉出时也应留有 50~65cm 的距离。若无法保证浴室柜与坐便器之间的距离足够，则要考虑将浴室柜做成开放式。

❶ 柜门或抽屉与坐便器之间需预留 50~65cm 的距离

座椅

座椅是现代生活中运用较多的一种家具，既可以与沙发组合使用，也可以单独使用。随着生活和科技水平的不断提高，座椅还延伸出了很多新的形态和用途，如摇椅、躺椅、折叠椅等，比沙发的用途更多，使用方式也更灵活。

座高尺寸

定义：座面至地面的垂直距离。由于椅面常向后倾斜，因此通常以前座面的高度作为座椅的座高；如果座面后倾或呈凹面弧形，座高则为座前沿中心点到地面的垂直距离。

设计需求：应使大腿保持水平，小腿垂直，双脚平放于地面上。座高太高，则两腿悬空会压迫大腿血管；太低则会引起身体疲劳。实践证明，合适的座高为小腿窝至足底高度加上 25~35mm 的鞋跟厚，再减去 10~20mm 的活动余量。即：座高 *H*= 小腿窝高度 + 鞋跟厚度 – 适当间隙

国家标准：座高 *H* 为 400~440mm，尺寸级差为 10mm。软座面的最大高度为 460mm（不包含座面下沉量）。沙发座高可以低一些，一般为 360~420mm，使腿向前伸，靠背后倾，有利于脊椎处于自然状态。

座深尺寸

定义：椅面前沿至后沿的距离，座深对人体坐姿的舒适度影响很大。

设计需求：如果座深超过大腿水平长度，人体挨上靠背将有很大的倾斜度，腰部

就会因缺乏支撑点而悬空，加剧腰部肌肉活动强度而导致疲劳；同时座面过深会使膝窝处产生麻木反应，也不利于起立。我国人体坐姿的大腿水平平均长度：男性为445mm，女性为425mm。保证座面前沿离开膝盖内部有一定的距离（约60mm），即：座深 *T*= 坐姿大腿水平长度过 60mm（间隙）。

国家标准：座深 *T* 为 340~420mm（靠背椅）或 400~440mm（扶手椅）或 340~420mm（折椅），尺寸级差为 10mm；沙发及其他休闲类座具因靠背倾斜较大，故座深可稍大，为 480~560mm。

座宽尺寸

定义：座面的宽度，根据人的坐姿及动作，往往呈前宽后窄的形状。

设计需求：座宽一般不小于 380mm，对于有扶手的靠椅来说，要考虑人体手臂的扶靠，以扶手的内宽来作为座宽尺寸，在人体平均肩宽尺寸基础上加一些适当余量，一般不小于 460mm，应以自然垂臂的舒适姿态肩宽为准。即：扶手前沿内宽 *B*= 人体肩宽 + 冬衣厚度 + 活动余量。

国家标准：扶手椅或折椅座前沿宽 *B* ≥ 380mm，尺寸级差为 10mm；扶手前沿内宽 *B* ≥ 460mm，尺寸级差为 10mm。

座面倾斜度

设计需求：人在休息时，坐姿是向后倾靠的，使腰椎有所承托，因此座面大部分设计成向后倾斜。座面与水平面之间的夹角称为座倾角 α；靠背与水平面之间的夹角称为背倾角 β。

国家标准：座倾角 α 为 1°~4°（靠背椅和扶手椅），或 3°~6°（折椅），角度级差为 1°；背倾角 β 为 95°~100°（靠背椅和扶手椅），或 100°~110°（折椅），角度级差为 1°。沙发的座倾角 α 为 3°~6°，背倾角 β 为 98°~112°；躺椅则更大。

座椅的靠背高度尺寸

设计需求：靠背尺寸主要与臀部底面到肩部的高度（决定靠背高）和肩宽（决定靠背宽）有关。靠背的高度最低可定在第一、二根腰椎处（工作椅），并可逐渐增加长度，最高可达肩胛骨、颈部（休闲椅），而静态休息则可要求靠背的长度能够支撑头部（休闲椅）。实践证明，靠背的最佳支撑点以 250mm 左右为宜，靠背的最大高度可达 480~630mm，最大宽度可达 350~480mm。

国家标准：靠背高度 $L \geqslant 275$mm，尺寸级差为 10mm。

座椅的扶手高度尺寸

设计需求：扶手高度应与人体坐骨结节点到自然下垂时肘下端的垂直距离相近；同时扶手前端还应略高一些，随着座面倾角与靠背斜角的变化，扶手倾斜度一般级差为 10°~20°，而扶手的水平左右偏角侧级差在 10° 范围内为宜。实践证明，扶手上表面到座面的垂直距离以 200~250mm 为宜。

❶ 座高　❷ 座宽　❸ 座深　❹ 扶手高度　❺ 靠背高度　❻ 座面倾斜度

第二章

布艺

随着人们生活水平和审美需求不断提高，软装布艺以其温暖、柔软的肌理特性，以及朴素、亲和的自然属性，被大量运用于室内空间之中。了解软装布艺，并适当培养审美，可以有效提升居室空间的品位及格调。

窗帘

窗帘在遮挡类布艺软装中最为常用，主要作用是与外界隔绝，保持居室的私密性，同时也是家居中不可或缺的装饰品。

窗帘初步测定尺寸

窗帘测量的步骤：软装设计师量尺（窗宽 × 窗高）→窗帘厂家复尺（下裁宽 × 下裁高）。

窗帘的简单测量法：观察窗型，窗型大致可归纳为三种，平窗、落地窗和飘窗；先观察有无窗帘盒，然后再进行测量。

类型	概述
有窗帘盒	宽由窗帘盒从左至右测量，高由窗帘盒的顶部量到地面减少 25mm
无窗帘盒	·意味着要用罗马杆或加装假窗帘盒来实现窗帘的侧装，测量方式有遮窗和满墙两种 ·遮窗测量为窗帘仅遮住窗户，窗帘尺寸为窗宽左右各增加 200~ 300mm；窗高从上部离吊顶距离 200mm 左右起，算到地面减少 25mm ·满墙测量为窗帘做一整面墙，窗帘的宽由墙从左至右测量，高由顶量到地面减少 25mm

备注： 以上方法归纳为常规窗帘的尺寸测量，具体视项目现场而定，要注意梁、柜体、空调、石膏线等障碍物；另外，需考虑窗帘拉合时的漏光问题，可在拉合处各增加100~200mm导轨或做罗马杆交叉重合设计处理。

窗帘的安装尺寸

窗帘安装包括顶装、内装和侧装三种方式。顶装是根据整面墙的结构装在窗帘盒顶面的轨道上，通常是布帘与纱帘的安装方式；内装是根据窗户结构，装在窗户的内侧，需考虑内侧的尺寸至少有 70mm 的空间用来装帘轨，内装通常是百叶帘、卷帘、罗马帘的安装方式；侧装是直接以罗马杆装在墙面的一侧。

▲ 加帘盒、顶装、遮窗效果

▲ 有帘盒、顶装、满墙效果

▲ 加帘盒、罗马帘顶装、遮窗效果

▲ 罗马杆侧装、遮窗效果

▲ 罗马杆侧装、满墙效果

▲ 卷帘、内装、遮窗效果

窗帘用料计算方法

1 窗帘宽度的精确用料计算方法

初步测定窗帘用量尺寸之后，需以该数据为基准加上窗帘面料的褶皱量，因为窗帘成品并非是平片状，而是带有些许波浪状起伏皱褶，以保证美观度。这个皱褶的量一般简称为褶量，常见的有 2 倍褶量（稍微带有起伏感）和 3 倍褶量（带有较明显的起伏感）。

例如：

若窗框宽度为 2m，需保证 3 倍的褶量，两侧预留宽度为 15cm，则其宽度用量的基本计算方法为（15cm×2）+（200cm×3）；此外，还需加上窗帘两分片两侧卷边收口的用量。

▲ 2 倍褶量的效果

▲ 3 倍褶量的效果

2 窗帘高度的精确用料计算方法

窗帘杆一般安装在距离窗框上方 15~25cm 处，若制作穿孔式窗帘，则测量位置应从帘杆上沿一直到距离地面上方 1~2cm 处；若制作挂钩式窗帘，则测量位置应从挂钩底部一直到距离地面上方 1~2cm 处。此外，还要加上窗帘面料上下两侧卷边收口的用量，为了美观，窗帘下侧还应有 10~12cm 折入的缝份。

▲ 穿孔式窗帘

▲ 挂钩式窗帘

3 国内外面料的定宽有所不同

国内面料生产商的窗帘面料一般为 280cm 定宽，280cm 一般作为窗户的高度方向，因此，只要窗高不超过 250cm，窗帘面料用量按量裁剪即可。

国外进口窗帘面料一般是 145cm 定宽，面料是按照窗户的高度进行裁剪，但当窗户宽度较大时，幅宽方向需进行拼接。例如，窗帘最终需要 5m 面料，使用进口面料时，需要用 3.5 幅 145cm 宽度的面料进行拼接，才能达到 5m 的宽度。

床品

床品即床上用品，指摆放于床上，供人在睡眠时使用的物品，是家纺的重要组成部分。按照中国家纺协会的分类，床品有套罩类、枕类、被褥类和套件类。

套罩类床品的尺寸规格

1 常见套罩类床品的尺寸

被套

·被套总体来说可分为单人用和双人用，单人用尺寸为 150cm×200cm，双人用尺寸为 200cm×230cm，双人用加大尺寸为 220cm×240cm

床单

·中式床单一般长度为 210~228cm，宽度为 100~200cm

·西式床单一般长度为 2.7m 左右，宽度有 1.8m、2m、2.3m 等多种

床笠

·床笠对床的尺寸要求很高，一般 1.8m×2m 的床配 1.8m×2m×0.25m 的床笠，1.5m×2m 的床配 1.5m×2m×0.25m 的床笠

2 根据睡床选择套罩类床品的尺寸

套罩类床品的尺寸规格主要根据不同的睡床尺寸来定。目前国内床品规格尚未统一，不同品牌的床品尺寸略有差别。在软装设计中，也常会根据床的尺寸来选择相应规格的床品。

类型	睡床尺寸 / m（宽 × 长）	被罩尺寸 / cm（宽 × 长）	床单尺寸 / cm（宽 × 长）	床笠尺寸 / cm（宽 × 长）
单人床	1.2×2	150×220	190×245	120×120
			200×230	
双人床	1.5×2	180×220	230×250	150×200
		200×230	235×245	153×203
		210×220	240×250	
		240×250	245×250	—
		—	248×248	—
双人大床	1.8×2	180×220	235×245	180×200
		210×240	245×270	
		220×240	248×270	
		220×250	250×270	
		260×270	260×270	

枕头的常见尺寸

枕头的作用是使头与腰椎保持平衡，避免颈椎受压。在选择枕头时，高度最好为8~10cm，单人枕的长度以超过使用者肩宽15cm为宜。另外，枕头的内容物也很重要，应根据个人情况选用。如木棉枕芯舒适柔软，荞麦皮枕芯软硬适中。

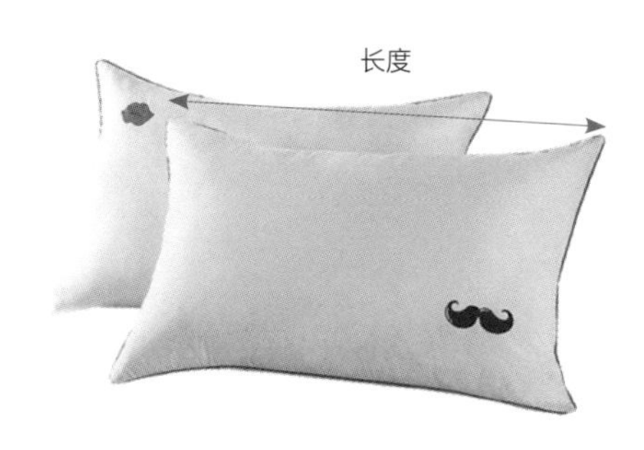

被芯的常见尺寸

被芯不宜太重，否则容易压迫肺部；太轻则保暖性差。以棉被为例，冬季被芯以3~5斤为佳，春秋则减半。被芯可分为单人和双人，单人被芯尺寸为150cm×210cm和180cm×220cm；双人被芯尺寸为200cm×230cm和220cm×240cm。

▲ 春秋季被芯

▲ 冬季被芯

床垫的厚度尺寸

床垫的厚度一般为 50~180mm。在选择时并不是越厚越好，应根据床架高度来选择床垫的厚度。床架与床垫的总高度宜为 460mm，中小型房间需要床底储物，如高度低于 460mm，则无法储物；但高度若超过 560mm，甚至 635mm 时，人坐在床上时会吊脚，产生不适感。

● 床架与床垫的总高度宜为 460mm

地毯

地毯是以棉、麻、毛、丝、草等天然纤维或化学合成纤维为原料，经手工或机械工艺进行编结、植绒或纺织而成的地面铺敷物，能够隔热、防潮，具有较高的舒适感，同时兼具美观的观赏效果。

地毯的常规尺寸

长方形地毯

800mm × 1200mm
1000mm × 1600mm
1400mm × 2000mm
1600mm × 2300mm
2000mm × 2900mm
2400mm × 3400mm
3000mm × 4000mm

圆形地毯

Φ1000~4000mm

不同功能空间适用的地毯尺寸

1 客厅

客厅大小与地毯尺寸的关系：小面积客厅的地毯不宜过大，面积比茶几稍大即可，这样的空间氛围会显得精致。例如，铺设时沙发和椅子腿不压地毯边缘，只把地毯铺在茶几的下面。

如果客厅面积较大，在 $20m^2$ 以上，地毯则不宜小于 170cm×240cm。地毯可以铺设在沙发和茶几下，使空间更加整体大气。同时，地毯边应在家具的范围外露 15~20cm。

但无论地毯选用哪种方式铺设，地毯距离墙面都最好有 40cm 的距离，以便打理。

▲ 小客厅的地毯铺设方式

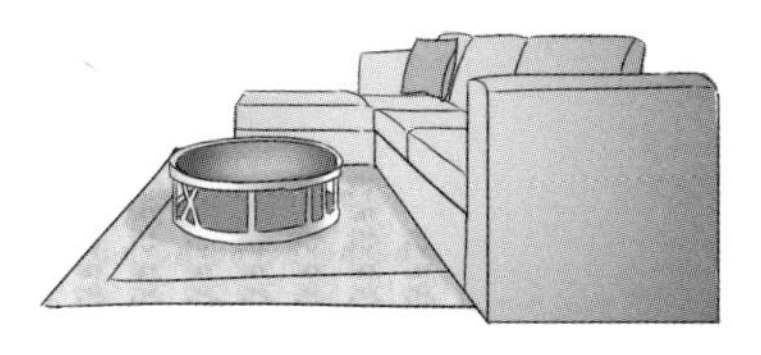

▲ 大客厅的地毯铺设方式

沙发大小与地毯尺寸的关系：1600mm×2300mm 的地毯适用于长 1850mm 的双人沙发，2000mm×2900mm 的地毯适用于长 2250~2400mm 的三人沙发，2400mm×3300mm 的地毯适用于长 2200mm 以上的 L 形沙发。

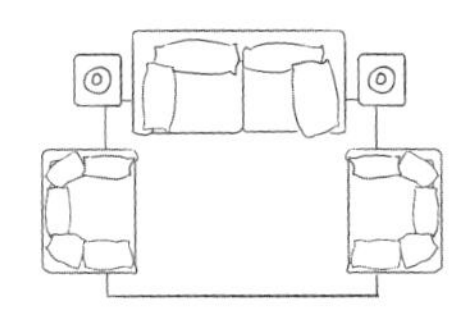

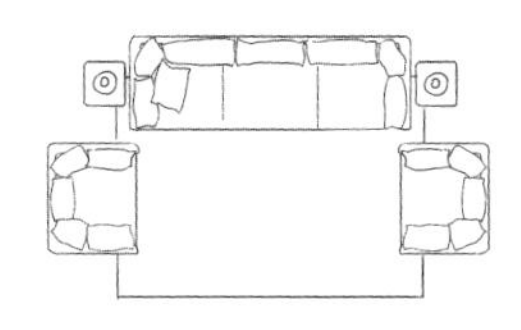

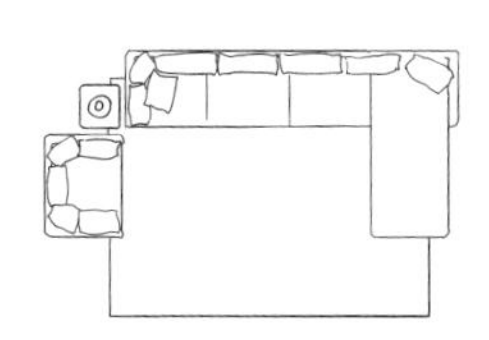

▲ 不同形态的沙发搭配的地毯尺寸也有所差别

2 餐厅

餐厅地毯一般根据餐桌的形态选择相应的布置形式。地毯尺寸要涵盖餐桌椅使用时的尺度。圆形餐桌也可以选择正方形或者长方形的地毯。

▲ 餐厅地毯尺寸应略大于餐桌椅的尺寸

3 卧室

卧室大小与地毯尺寸的关系：常用尺寸为小号 1400mm × 2000mm 和大号 1600mm × 2300mm，其中小号适用于房间较小的卧室，1.5m 的床则大小号都适用；2000mm × 2900mm 尺寸的地毯适用于开阔的卧室，1.8m 及 1.8m 以上的床均适合。

睡床摆放方位与地毯尺寸的关系：如果睡床摆放在角落，则可以在床边区域铺设长条形地毯，地毯宽度为两个床头柜的宽度，长度与床体一致或略长。

如果睡床摆放在卧室中间，则可以选取睡床一半左右的位置，将地毯铺设在下面。一般情况下睡床的左右两边和尾部与地毯边距离 90cm，也可以根据卧室空间大小进行调整。如果想要便于打理，也可以在睡床的两侧或一侧铺设小尺寸地毯，地毯宽度比床头柜略宽，长度和床体长度一致；或者在床尾选择一块小尺寸地毯，地毯长度和床的宽度一致，宽度不超过床长度的一半。

▲ 睡床摆放在中间时，地毯常见的铺设方式

4 儿童房

儿童房可以考虑满铺地毯，或者在床尾或床旁边铺设一块面积较大的地毯，为孩子提供玩耍区域。也可以铺设圆毯，适用的常规选择尺寸为 Φ1.2m、Φ1.5m、Φ2m。

▲ 在儿童床旁铺设地毯，为孩子提供玩耍区域

桌布与桌旗

桌布又称“台布”，覆盖于台面、桌面上，用以防污或增加美观度。桌旗则是中国传统文化所衍生出的产物，摆放在桌子上充当软装饰品使用。

桌布常规尺寸与垂边尺寸

圆桌桌布尺寸：直径 + 每边各垂 30cm。例如，桌子直径为 90cm，则可使用 150cm 直径的圆形桌布，也可使用 150cm × 150cm 左右的方形桌布。

方桌桌布尺寸：四周适宜下垂 15~35cm，选择方法为（桌布长度 − 桌子长度）÷ 2= 垂边长度。

茶几桌布尺寸：茶几一般高 45~50cm，因此茶几桌布不能太大，垂边也不宜太多，四周或两边下垂的尺寸应保证为 15cm 左右。例如，茶几尺寸为 60cm × 120cm，茶几桌布的尺寸可选择 90cm × 150cm 或 60cm × 150cm。

▲ 桌布适当垂边能够很好地保护桌面和边角，也具有一定的美化空间作用

桌旗常规尺寸与垂边尺寸

一般来说，桌旗较适合长形餐桌，圆桌则不太适合设置桌旗。根据一般的餐桌尺寸来看，桌旗的宽度一般为 30cm 和 40cm 两种（50cm 多为床旗宽度），常见的长度有 160cm、180cm、200cm、220cm、250cm 等。桌旗铺设在餐桌上会留有部分悬挂在桌边，布置时需了解下垂的黄金比例。如 1.5m 餐桌桌旗下垂 25cm，1.4m 餐桌桌旗下垂 30cm，1.3m 餐桌桌旗下垂 35cm，1.2m 餐桌桌旗下垂 40cm。

▲ 桌旗通常布置在餐桌长边的中线上，且留有一定的下垂长度

抱枕

抱枕是家居生活中的常见用品，抱在怀中可以起到保暖作用，也逐渐成为家居中不可或缺的装饰品。抱枕套的材质大多为各种布艺，形态也十分多样。

抱枕的常见尺寸

1 不同形状抱枕的尺寸

正方形抱枕

·小号：常见 40cm × 40cm 和 45cm × 45cm 两种，适合摆放在椅子上，用作加厚的靠垫

·中号：常见 50cm × 50cm 和 55cm × 55cm 两种，适合摆放在沙发或者床上，装点家居环境

·大号：常见 60cm × 60cm、65cm × 65cm 和 70cm × 70cm 三种，适合摆放在窗台或茶几旁边，也可以直接放在地上当作垫子使用

长方形抱枕

·常规尺寸有 30cm × 45cm 和 60cm × 40cm 两种，适合当作腰枕使用

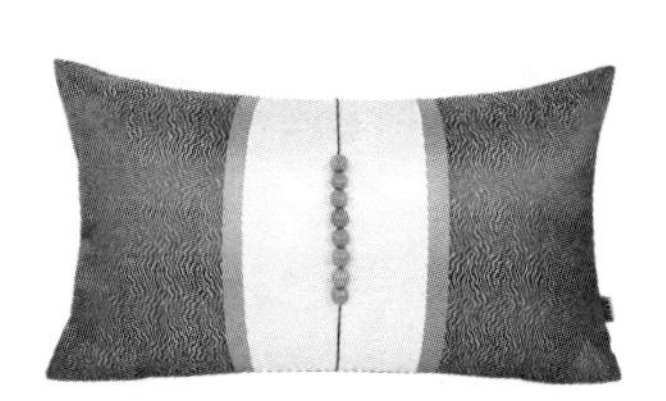

抱枕被

·抱枕被不但可以抱在怀中，也可以当作普通枕头，还可以将其展开变成一个被子，使用功能十分强大

·通常尺寸为 50cm × 50cm，可以展开成为 150cm × 150cm 的被子

2 适合不同人群的抱枕尺寸

儿童抱枕

·对于儿童来说，如果抱枕尺寸太大，抱在怀中就成了累赘，而且太大的抱枕无法全部抱在怀中，保暖效果也大打折扣

·常见适宜的尺寸有 45cm × 20cm × 40cm 和 35cm × 20cm × 30cm 两种，根据儿童的具体身高、臂长以及胸围来制定

成人抱枕

·尺寸适宜控制在 40cm × 40cm × 20cm 左右，抱在怀中的舒适度较高

抱枕尺寸与沙发的关系

沙发抱枕应与沙发的尺寸相宜，如果尺寸较大，放在沙发上就会显得突兀。可以根据沙发款式进行抱枕的尺寸选择。如单人沙发或双人沙发，适合选择30cm×45cm、40cm×40cm、45cm×45cm的抱枕。三人以上的沙发或L形、U形等沙发，则可以考虑中号或大号的正方形抱枕，或者利用长方形抱枕与正方形抱枕组合的方式，令整个沙发区域的视觉层次更加丰富。

▲ 抱枕尺寸应与沙发的比例协调

第三章

灯具

灯具在家居空间中不仅具有装饰作用，还同时兼具照明的实用功能。造型各异的灯具，可以令家居环境呈现出不同的容貌，创造出与众不同的家居环境；而灯具散射出的灯光既可以创造气氛，又可以加强空间感和立体感。

吊灯

吊灯是吊装在室内吊顶上的装饰照明灯，其作用不仅局限于照明功能，更重要的是展现出装饰性。吊灯适合做主灯，提供整体照明。

吊灯的常规尺寸

单头吊灯

· Φ150~400mm，高度根据现场确定

双层吊灯

· Φ700~1200mm，高度根据现场确定

艺术吊灯

· Φ650~1500mm，高度根据现场确定

吊灯与层高的关系

若室内层高超过 3m，则可以选择大型且款式华丽的全吊灯；若室内层高为 2.7~3m，则适合选择半吊灯。

▲ 层高 3m 以上，可选择款式华丽的全吊灯

▲ 层高不足 3m，可选择款式简约的半吊灯

吊灯的合理安装高度

一般情况下，单头吊灯罩面离地的最佳高度为 2.2m，多头吊灯则不能低于 2.2m。另外，吊灯的安装高度需要考虑使用安全，由于吊灯比较重，建议固定在楼板上，石膏板顶面无法承担其重量。

❶ 吊灯离地面的高度约为 2.2m

功能空间与吊灯的相关尺寸

1 挑高门厅

挑高门厅适合安装水晶吊灯，如果门厅有两层楼高，则水晶吊灯的高度不能低于第二层楼。如果第二层上有窗户，则水晶吊灯的高度应到窗户中央的位置。

① 门厅水晶吊灯底部距离地面的高度为 2030~2130mm

2 客厅

在客厅安装吊灯，其底部到地面要留有 2m 左右的距离。吊灯尺寸也应根据客厅面积的大小有所区分。若客厅面积较小，安装过大的水晶吊灯则会影响整体的协调性。

10~15m² 的客厅：宜选用直径为 60cm 左右的吊灯。

15~20m² 的客厅：宜选用直径为 70cm 左右的吊灯。

20~30m² 的客厅：宜选用直径为 80cm 左右的吊灯。

30m² 以上的客厅：宜选用直径为 1m 左右的吊灯。

▲ 客厅吊灯尺寸应根据空间大小进行选择

3 餐厅

餐厅可以考虑选择下罩式、多头型、组合型的吊灯，吊灯形态与餐厅的整体装饰风格应一致。

餐厅吊灯的适宜距离：考虑到居住者走到餐桌边多半会坐下对话，因此吊灯的高度不宜太高。一般吊灯的最低点到地面的距离为 1.5~1.6m，搭配高度为 75cm 的餐桌，使人坐下来视觉产生 45° 斜角的焦点。另外，吊灯的最低点与餐桌表面之间的距离宜为 75~85cm，过高会显得空间空旷单调，过低又会造成压迫感。

❶ 吊灯离地的最佳高度为 1.5~1.6m ❷ 吊灯离桌面的最佳高度为 75~85cm

吊灯尺寸与餐桌尺寸的关系：1.4m 或 1.6m 的餐桌，可以搭配直径为 60cm 左右的吊灯，1.8m 的餐桌则适合直径为 80cm 左右的吊灯。另外，单盏中等尺寸的吊灯非常适合 2~4 人的餐桌，明暗区分相当明显。若比较重视照明光感，或餐桌较大，也可以多加 1~2 盏吊灯，但吊灯的大小比例必须调整缩小。

▲ 单盏吊灯适合 2~4 人的餐桌

▲ 餐桌较大可以选择多头吊灯

4 卧室

卧室中主照明吊灯的安装高度约为 1800~2200mm，床头吊灯的安装高度为灯口距离地面 1500~1600mm。

❶ 主照明吊灯的安装高度为 1800~2200mm
❷ 床头吊灯灯口离地高度为 1500~1600mm

吸顶灯

吸顶灯款式简洁，具有清朗、明快的感觉。吸顶灯安装后，可以完全贴在顶面上，适合用在高度较低矮的空间，且拥有充足的照明亮度，常作为空间内的主光源使用。

吸顶灯的常规尺寸

圆形吸顶灯

·直径 21cm，功率 15W，适用于 3~5m^2 的空间
·直径 21cm，功率 24W，适用于 8~12m^2 的空间
·直径 26cm，功率 15W，适用于 5~8m^2 的空间
·直径 26cm，功率 24W，适用于 10~15m^2 的空间
·直径 35cm，功率 18W，适用于 8~15m^2 的空间
·直径 35cm，功率 24W，适用于 10~15m^2 的空间
·直径 35cm，功率 36W，适用于 12~18m^2 的空间
·直径 35cm，功率 48W，适用于 15~20m^2 的空间
·直径 40cm，功率 36W，适用于 15~20m^2 的空间
·直径 40cm，功率 48W，适用于 18~22m^2 的空间
·直径 50cm，功率 36W，适用于 18~22m^2 的空间
·直径 50cm，功率 72W，适用于 20~25m^2 的空间
·直径 60cm，功率 120W，适用于 30m^2 的空间

长方形吸顶灯

·小号：常见尺寸为 65cm × 48cm，适合 15~20m^2 的空间
·大号：常见尺寸为 90cm × 65cm，适合 20~30m^2 的空间

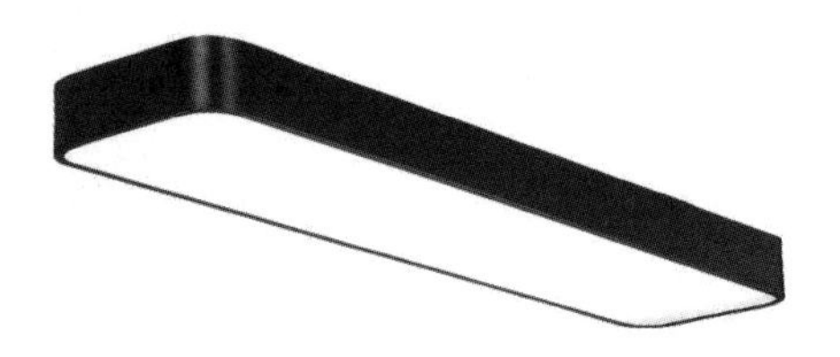

正方形吸顶灯

·常见尺寸为：
40cm × 40cm、56cm × 56cm、
60cm × 60cm、80cm × 80cm

吸顶灯与层高的关系

若室内层高在 2.7m 以下，选择照明主光源时，则只适宜选择吸顶灯，而不适合选择造型华丽的吊灯。因为光源距离地面 2.3m 左右时的照明效果最好。例如，当房间层高只有 2.5m 左右时，高度为 20cm 左右的吸顶灯可以达到良好的整体照明效果。

❶ 光源距地面 2.3m 左右　❷ 吸顶灯高度 20cm 左右

功能空间与吸顶灯的相关尺寸

1 客厅

$12m^2$ 左右的客厅：直径为 20cm 以下的圆形吸顶灯十分适合。

15~$20m^2$ 的客厅：直径为 30cm 的圆形吸顶灯即可，且直径最大不要超过 40cm，过大的吸顶灯会显得与客厅不协调。也可以选择 65cm × 48cm 的长方形吸顶灯，或者 40cm × 40cm 的正方形吸顶灯。

21~$30m^2$ 的客厅：直径为 50cm、60cm 的圆形吸顶灯较适宜，也可选择 90cm × 65cm 的长方形吸顶灯，或者 56cm × 56cm、60cm × 60cm 的正方形吸顶灯。

▲ 客厅比较适合圆形吸顶灯，可以弱化空间中冷硬的线条

2 卧室

$10m^2$ 以下的卧室：可以选择直径 26cm，功率 22W 以下的圆形吸顶灯。

10~$20m^2$ 的卧室：可以选择直径 32cm，功率 32W 的圆形吸顶灯。

20~$30m^2$ 的卧室：可以选择直径 38~42cm，功率 40W 的圆形吸顶灯。

大于 $30m^2$ 的卧室：可以选择直径 70~80cm 的双光源吸顶灯。

21~$30m^2$ 的客厅：直径为 50cm、60cm 的圆形吸顶灯较适宜，也可选择 90cm × 65cm 的长方形吸顶灯，或者 56cm × 56cm、60cm × 60cm 的正方形吸顶灯。

▲ 圆形吸顶灯在卧室中同样适用

3 厨房

厨房的主灯可以采用白色光源的吸顶灯，但同时最好在料理台和水槽的上方增加焦点光，防止操作台处产生阴影。由于厨房吸顶灯的尺寸受面积影响，因此一般直径 29cm 的圆形吸顶灯适用于 15~25m^2 的厨房，且符合大多数中国家庭的厨房面积。

▶ 白色光源的吸顶灯比较适合厨房环境

4 卫生间

卫生间吊顶扣板的尺寸大多为 30cm × 30cm，卫生间的吸顶灯应根据扣板大小选择。直径为 20cm 的圆形或边长为 20cm 的正方形 LED 吸顶灯最适用。若卫生间比较大，则可以在卫生间的镜子上装镜灯或射灯，以配合使用。

▶ 卫生间吸顶灯可结合扣板尺寸来选择

台灯

台灯常作为辅助灯具，摆放在桌子、几案之上，是除了主灯外，使用频率较高的一种灯具。台灯一般分为装饰性台灯和功能性台灯，不同的功能性台灯有相应的设计标准，而装饰性台灯只要符合灯具照明基本的安全、健康、环保原则即可。

台灯的常规尺寸

装饰性台灯

· Φ380~460mm，总高度为 550~650mm

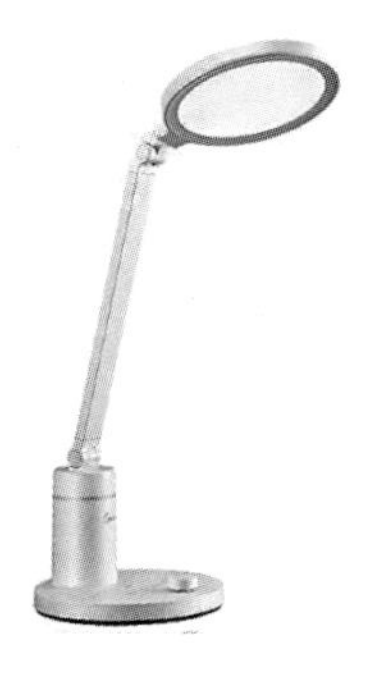

功能性台灯

· 功能性台灯常用的为读写台灯，属于小型台灯
· 圆形读写台灯的灯罩直径一般为 200~350mm，总高度为 250~400mm
· 读写台灯的色温不宜超过 4000K。由于蓝光会抑制人体褪黑色素的分泌而影响睡眠，因此应避免在晚上长时间使用高色温的 LED 读写台灯

台灯造型尺度的黄金比例

在台灯造型设计中，如果将其整体看作一个长方形，常把灯罩的下边作为灯体矩形的黄金分割线，或者把灯体的宽度和高度按照黄金比例来进行设计。

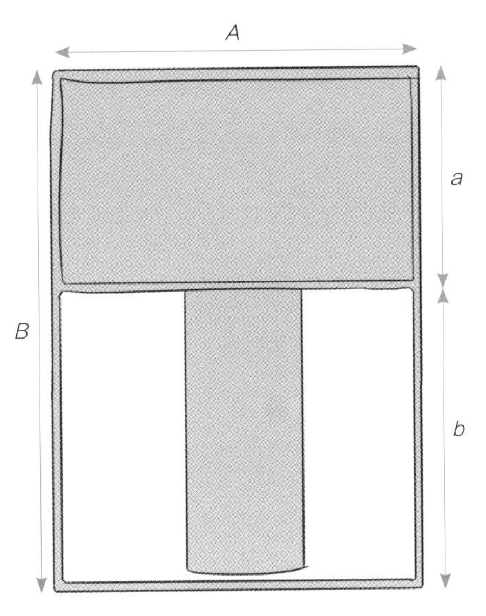

▲ 黄金比例的运用

（a：$b \approx 1$：1.618；A：$B \approx 1$：1.618）

台灯电源线的外露长度

电源线的外露长度应不小于 1.8m

台灯有随时移动的需要，为了方便移动台灯的位置，电源线的外露长度应不小于 1.8m。

台灯的常规照度

按照桌上照度的类型	照度 / lx	
	桌灯前面半径 50cm 的 1/3 圆周上	桌灯前面半径 30cm 的 1/3 圆周上
A 型	150 以上	300 以上
AA 型	250 以上	500 以上

书房读写台灯的相关数据

1 读写台灯的人体工程学尺寸

读写台灯的使用关系到人的坐姿、台面的高度和视觉生理特征，这些人体生理的测量数据决定了台灯的高度和移动范围等造型要素。人体的坐姿高度和桌子高度的统计数据要求一般读写台灯的高度为400~550mm。

▲ 读写台灯的人体工程学尺寸

2 读写台灯的防眩光标准

读写台灯的灯罩应调整到合适位置，人眼距离台灯大概 40cm，离光源水平距离大概 60cm，且看不到灯罩内壁，灯罩下沿要与眼齐平或在眼下方，不让光线直射或反射到人眼。

▲ 读写台灯与人眼的距离

3 读写台灯的光学性能

遮光性：人处于正常坐姿的情况下，眼睛向水平方向看，应看不到灯罩的内壁及光源，注意不要让光线直射到眼睛。

桌面照度要求：台灯照射的工作区域内照度应≥ 250lx，最低照度应≥ 120lx。

照度均匀度要求：应确保受台灯照射的工作区域内照度相对均匀，不能产生特别亮或特别暗的光斑，且保持稳定的照明，光源不应时暗时明或闪烁。

落地灯

落地灯属于辅助照明灯具，通常摆放在客厅、卧室中，偶尔书房也会用到。摆放位置为沙发、床等坐卧性家具的一侧，一方面可以满足小区域范围内的照明需求，另一方面可以营造气氛。

落地灯的常规尺寸

大型落地灯

·高度为 1.52~1.85m，灯罩直径为 40~50cm

·适合摆放在客厅的沙发旁，作为辅助灯具使用

中型落地灯

·高度为 1.4~1.7m，灯罩直径为 30~45cm

·适合摆放在家居中的阅读角落

小型落地灯

·高度为 1.08~1.4m 或 1.38~1.52m，灯罩直径为 25~45cm

·适合摆放在小书房或卧室中

落地灯高度与层高的关系

落地灯尺寸应考虑灯架高度、灯罩高度。灯罩、灯架的选择需要考虑很多因素，重要的是考虑协调搭配。如吊顶高度为 2.4m 以上的，可以考虑选择 1.7~1.8m 高的落地灯。

❶ 高度 1.7~1.8m

壁灯

壁灯属于辅助照明和装饰性灯具。如果空间面积较小，则不建议使用壁灯，否则容易显得凌乱；若空间面积足够宽敞，则可以在墙面上使用壁灯来增加层次感。客厅、餐厅、过道、卧室等空间均可以使用壁灯。

壁灯的常规尺寸与光源指数

1 壁灯的常规尺寸

大型壁灯

·高度为 450~800mm
·直径为 150~250mm

小型壁灯

·高度为 275~450mm
·直径为 110~130mm

2 壁灯的光源指数

在居室中，壁灯仅作为局部光源或装饰之用。因此，一般来说壁灯的光线柔和为好，功率要小于 60W。

壁灯的常规安装高度

一般壁灯的安装高度为距离工作面（指距离地面 80~85cm 的水平面）1440~1850mm，即距离地面 2240~2650mm。

❶ 壁灯距离地面高度为 2240~2650mm

空间大小与壁灯的尺寸关系

为使居室协调，壁灯的尺寸需根据居室大小而定。一般而言，小房间适宜用单头壁灯或较小的壁灯；大房间适宜用双头壁灯或多头壁灯。

$10m^2$ 的空间：一般需要选择高 250mm，宽不超过 170mm，灯罩直径为 90mm 的小型壁灯。

$15m^2$ 的空间：一般需要选择高 300mm，宽不超过 170mm，灯罩直径为 115mm 的壁灯。

功能空间与壁灯的相关尺寸

1 客厅

客厅壁灯的安装高度是一个相对数据。一般情况下，壁灯的安装高度需超过视平线，以超过地面高度 1.8m 为宜。另外，壁灯的安装高度与壁灯的尺寸也有关联，壁灯尺寸越大，其光照范围就越广，壁灯的安装高度会有适当变化。

例如：

客厅壁灯的高度为 520mm，灯罩直径为 200mm，壁灯底盘直径为 140mm，壁灯与墙的距离为 250mm。考虑到壁灯高度需高于人的视平线，其安装高度应高于地面 1.8m。

❶ 客厅壁灯距地高度约为 1.8m

2 卧室

卧室壁灯的尺寸会相对小一些，比较常见的灯罩尺寸为 180mm×160mm，灯体尺寸为 300mm×420mm，壁灯底盘直径为 160mm。考虑合理的光照，壁灯的安装高度为距离地面 1.4~1.7m 比较合适。另外，床头壁灯挑出墙面的距离一般为 95~400mm。

❶ 壁灯的安装高度为距离地面 1.4~1.7m　❷ 床头壁灯挑出墙面的距离为 95~400mm

3 书房

书房工作环境下的壁灯，应距离桌面 1.4~1.8m，距离地面 2.2~2.65m。

❶ 距地面 2.2~2.65m

❷ 距桌面 1.4~1.8m

4 卫生间

卫生间的壁灯安装高度一般在距离地面 1140~1850mm 处为宜，且在卫生间墙体四周的 3/4~2/3 处。除此之外，还应考虑全家人的平均身高，一般在平均身高以上 200mm，即略高于人头处即可。

❶ 卫生间壁灯安装高度为 1140~1850mm

5 过道

过道壁灯的安装高度需要略超过视平线（大约为 1.8m 高），即距离地面 2.2~2.6m。如果提高过道壁灯高度，则可以增大其光照氛围。另外，过道壁灯的高度还需要考虑壁灯尺寸大小的影响。

❶ 过道壁灯安装高度为 2.2~2.6m

筒灯

筒灯是一种嵌入到吊顶内，光线下射式的照明灯具，可做辅助照明，也可以用“满天星”式的布置方式来代替主灯。筒灯的最大特点就是能保持建筑装饰的整体统一感，不会因为灯具的设置而破坏吊顶美感。

筒灯的分类规格

分类方式	常见规格
按光通量分类	LED 筒灯的常见规格为 300lm、400lm、600lm、800lm、1100lm、1500lm、2000lm、2500lm、3000lm、4000lm、5000lm
深度 *D*	圆形嵌入式筒灯的常见规格为 51mm、64mm、76mm、89mm、102mm、127mm、152mm、178mm、203mm、254mm
高度 *H*	竖装筒灯的主要规格有 2in、2.5in、3in、3.5in、4in、5in、6in 等①
	横装筒灯的主要规格有 4in、5in、6in、8in、9in、10in、12in 等
	无需开孔明装筒灯的尺寸有 2.5in、3in、4in、5in、6in 等

① 1in=25.4mm。

注：最大号的筒灯尺寸一般不超过 8in，家装筒灯的尺寸最大不超过 4in。

筒灯的最小保护角

亮度 L/（kcd/m²）	最小保护角 /（°）
1 ≤ L<20	10
20 ≤ L<50	15
50 ≤ L<500	20
L ≥ 500	30

注：在实际的照明应用中，保护角所能提供的眩光控制水平还与照明设计的其他因素有关。在有的标准中，≥ 500kcd/m² 为高亮度。

筒灯的开孔尺寸

1 一般普通筒灯开孔尺寸与安装节能灯管的功率

分类	直径规格 /mm	开孔尺寸 /mm	安装节能灯管 / W
2.5in	100	Φ80	5
3in	110	Φ90	7
3.5in	120	Φ100	9
4in	142	Φ120	13
5in	178	Φ150	18
6in	190	Φ165	26

2 LED 筒灯开孔尺寸与安装节能灯管的功率

分类	规格尺寸 /mm	开孔尺寸 /mm	安装节能灯管 / W
2.5in	Φ102×H30	Φ80	3
3in	Φ112×H30	Φ90	5
3.5in	Φ122×H30	Φ100	7
4in	Φ146×H30	Φ120	9
5in	Φ180×H30	Φ150	12
6in	Φ190×H30	Φ160	15

筒灯的功率和光束角

1 筒灯的功率

筒灯的功率一般不大，目前使用节能灯泡居多，一般为8~25W。具体灯泡的功率需要根据空间的大小来确定。

2 筒灯的光束角

筒灯的光束角一般较大，通常为 120° 左右，普遍使用亚克力面罩，可以得到均匀光，光线柔和不刺眼。

❶ 光束角为 120°

筒灯在吊顶中的适当排列距离

1 不同照明方式，筒灯之间的适当距离

当筒灯作为主要照明时，吊顶上筒灯之间的距离可以适当缩小，一般为 1~2m，以保证空间的充足亮度；若作为辅助照明，则筒灯之间的距离可以适当加大，具体的尺寸可以根据整体空间的尺寸大小和层高来决定。

2 筒灯到墙壁的距离

筒灯到墙壁的距离也有一定要求，筒灯在照明时会产生热量，如果离墙壁过近则容易将墙壁烤黄。筒灯安装距离由墙的中心而定，如果走边宽度为 30cm，则中心距离墙壁为走边宽度的一半，即 15cm；如果走边宽度为 40cm，则其中心应距离墙壁 20cm。

❶ 筒灯之间的距离约为 1~2m　　❷ 筒灯距离墙壁约 15~20cm

不同面积开放式厨房中的筒灯安装数量

厨房面积 10m^2：为保证空间的明亮，需要用 9 盏筒灯，可以在吊顶四周环绕 8 个筒灯，中间安装 1 个筒灯。每个筒灯的功率不必太高，需要准备可以调节的开关。

▲ 10m^2 厨房的筒灯排列方式

厨房面积 6~7m^2：安装 6 个筒灯即可，采用 2 横 3 竖的排布方法比较美观。由于厨房油烟机上面一般带有 25~45W 的照明灯，因此这样的排布方式可以使灶台上方的照度得到大幅提高。

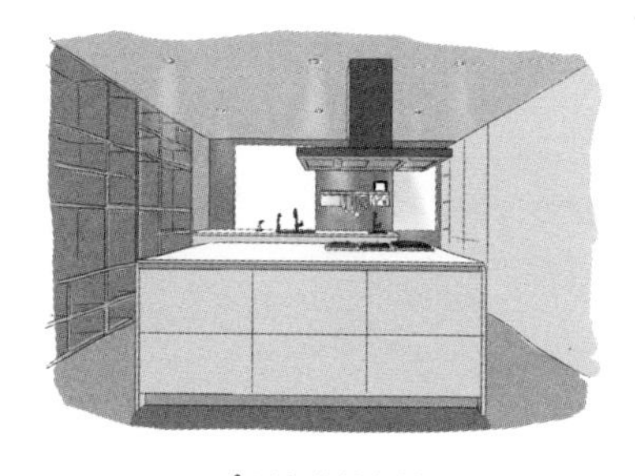

▲ 6~7m^2 厨房的筒灯排列方式

开放式厨房的橱柜：多采用嵌入式筒灯的形式，数量为 6~10 个不等，尽量偏暖光。

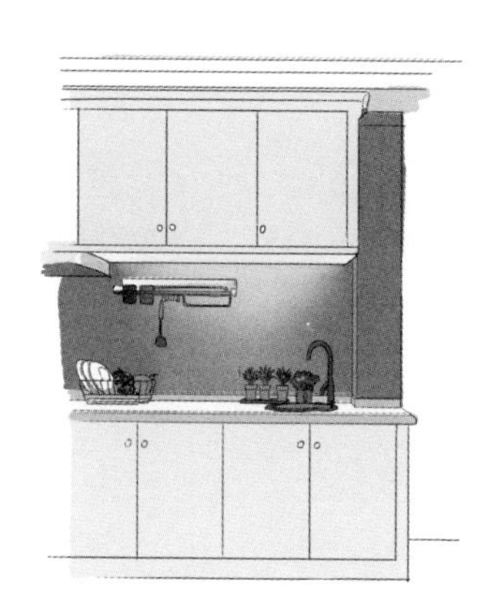

▲ 开放式厨房橱柜的筒灯排列方式

不同功能空间的筒灯色温需求

玄关：筒灯照明宜采用 3300K 左右的暖色光源，给玄关营造温馨、热烈的气氛。

客厅：适宜采用 3000K 的色温，可以令空间温馨、明亮。

餐厅：照明要渲染温馨、恬静的气氛，适合选择低色温的照明，色温大约为 3000K，因为低色温对应的是暖色光，照射在食物上能使其色泽更鲜美，提高饭菜的观感效果，促进用餐人的食欲。

卧室：照明光源以暖色调为宜，塑造安静、舒缓的空间氛围。筒灯色温不易过高，2800K 偏暖色调为最佳。

厨房：照明光源要保持为中间色调，不宜太暖也不宜太冷。

卫生间：使用筒灯时，以 3000~5000K 的暖白光为宜，营造干净、明亮的环境。

颜色	色温值 / K	给人的感受
温暖（颜色偏红）	<3300	稳重、温暖
中间（颜色偏白）	3300~5000	轻快、凉爽
清凉（颜色偏蓝）	>5000	清爽、冷酷

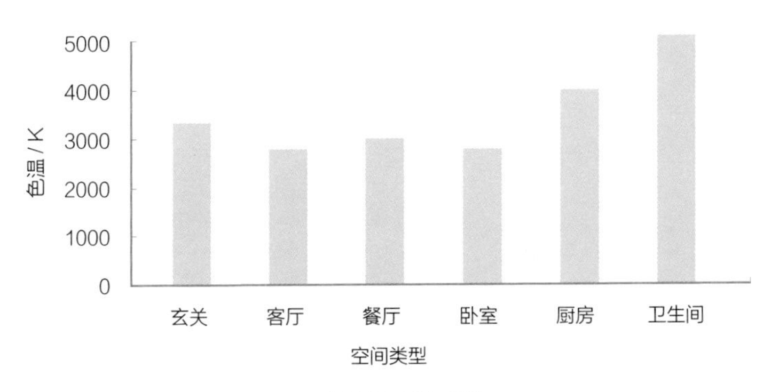

▲ 不同空间下的色温值

射灯

射灯可以安装在吊顶四周或家具上部，也可置于墙内、墙裙或踢脚线里。或者将光线直接照射在需要强调的家具和器物上，达到重点突出、层次丰富的艺术效果。

射灯的常见类型与尺寸

1 射灯的常见类型

目前的 LED 射灯主要有 MR16、PAR16、PAR20、PAR30、PAR38 几种类型。其中 MR16 通常使用 GU5.3 灯头，PAR16 主要采用 GU10、E26（美洲）、E27（欧洲及中国）、E14 灯头；PAR20、PAR30、PAR38 主要采用 E26、E27 灯头。

2 射灯的常见尺寸

分类方式	常见规格
20W 开口射灯	常见尺寸为 253mm×106mm，高约为 198mm
35W 开口射灯	常见尺寸为 205mm×90mm，高约为 170mm
	常见尺寸为 243mm×106mm，高约为 198mm
50W 开口射灯	常见尺寸为 253mm×106mm，高约为 198mm
70W 开口射灯	常见尺寸为 205mm×110mm，高约为 205mm
	常见尺寸为 180mm×137mm，高约为 220mm
120W 开口射灯	常见尺寸为 130mm×220mm，高约为 309mm
300W 开口射灯	常见尺寸为 150mm×287mm，高约为 391mm

注：不同厂家的射灯具体形状、尺寸有差异。

3 射灯的开孔尺寸

射灯的开孔尺寸一般为 45mm、50mm、55mm、60mm、65mm、70mm、75mm、80mm、90mm、100mm 等。

射灯的光束角

射灯的光束角一般为 65°以下，大多集中为 12°、24°、36°左右。主要用于局部照明、重点照明等场合，一般定义为 50% 峰值光强的光束角。即使射灯和同类的筒灯拥有相同的功率，发光总量相同，但是照射面积小，因此亮度很高。

射灯在吊顶中的排列距离

在吊顶上每隔约 100cm 布置一个射灯，且射灯距离墙面约 30cm，可以产生有距离层次的光晕，透过亮面与暗面的分布，凸显出墙面的立体质感，产生洗墙效果。

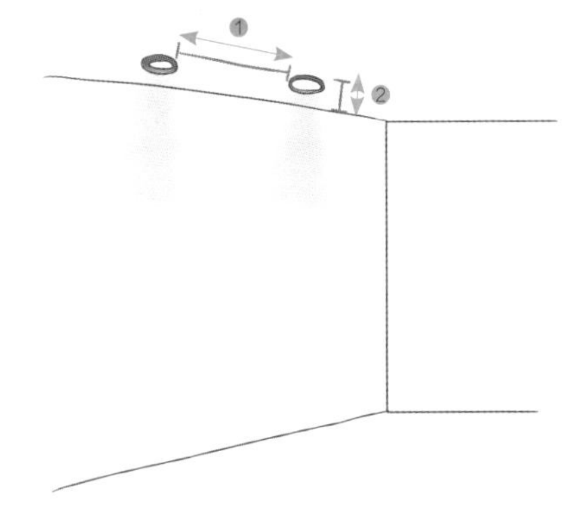

❶ 射灯相距约 100cm
❷ 射灯距离墙面约 30cm

轨道灯

轨道灯是安装在类似轨道上面的一种灯，可以随意调节灯的角度，一般作为射灯使用，放在需要重点照明的地方。

轨道灯的规格与安装尺寸

分类	相关尺寸
3W 明装轨道灯	灯头直径约 5.2cm，高度约 16cm，灯长约 10cm
	安装盒长约 10.3cm
7W 明装轨道灯	灯头直径约 7.1cm，高度约 17cm，灯长约 11cm
	安装盒长约 9.7cm
12W 明装轨道灯	灯头直径约 9.9cm，高度约 26cm，灯长约 18cm
	安装盒长约 9.7cm
18W 明装轨道灯	灯头直径约 11.4cm，高度约 27cm，灯长约 17.7cm
	安装盒长约 9.7cm

◀沙发背景墙处设置轨道灯，为此区域带来良好的局部照明效果

第四章

挂饰与摆件

挂饰与摆件在家居空间中的运用广泛，可以令原本空白的墙面变得引人注目，起到美化空间的作用。挂饰与摆件的种类较多，最常见的有装饰画、装饰镜等，在具体运用时，应根据空间大小进行尺寸选择，切忌不可只为单品美观而忽略与整体空间的协调性。

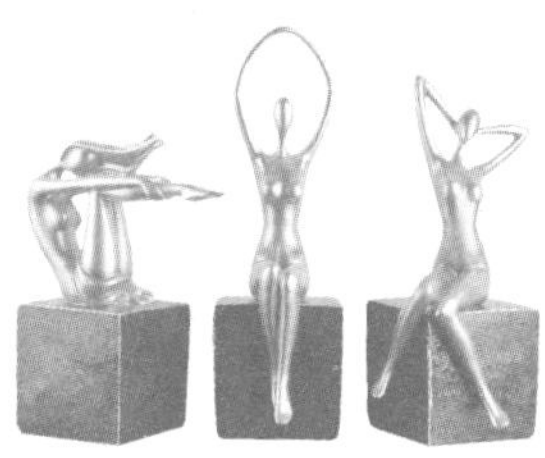

装饰画

装饰画属于一种装饰艺术，给人带来视觉美感并愉悦心灵。同时，装饰画也是墙面装饰的点睛之笔，即使是白色的墙面，搭配几幅装饰画，也可以立刻变得生动起来。

成品装饰画的常见尺寸

正方形装饰画

500mm×500mm、600mm×600mm、700mm×700mm、800mm×800mm、900mm×900mm、1000mm×1000mm、1200mm×1200mm

长方形装饰画

400mm×600mm、500mm×700mm、600mm×800mm、800mm×1200mm、900mm×1200mm、1000mm×1400mm

圆形装饰画

Φ300~1000mm

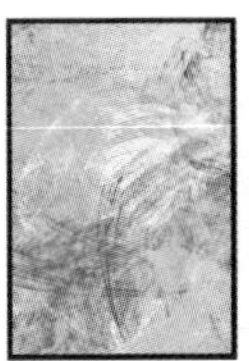
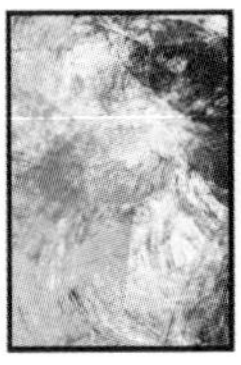

横幅装饰画

1350mm×300mm

1500mm×450mm

1800mm×500mm

竖幅装饰画

430mm×1230mm

530mm×1530mm

630mm×1830mm

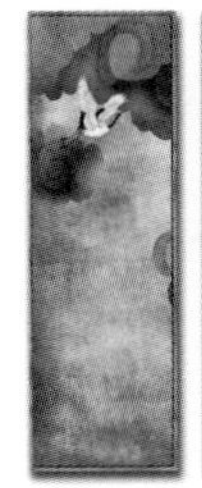

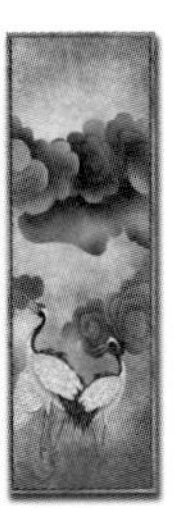

装饰画的悬挂高度及间距

1 装饰画适宜的悬挂高度

装饰画悬挂的高度直接影响到欣赏时的舒适度，也会影响装饰画在整个空间内的表现力。因此，悬挂装饰画时有几个标准可以作为参考。

装饰画中心点宜略高于人平视的视平线：即需要稍微抬一点下巴看到装饰画、欣赏装饰画，比较适合的位置是装饰画中心在观赏者视线水平位置往上 10~25cm。无论是 1 幅画，还是 2 幅画，抑或是组合画，都需找到整组画的中心点，计算挂画左右宽度和上下高度。

▲ 1 幅挂画的中心点

▲ 2 幅挂画的中心点

以室内墙面作为参考：一般居室的层高宜为 2.8m，卧室、起居室净高≥ 2.4m，根据装饰画的大小，其“黄金分割线”是距离地面 1.4m 的水平位置。

根据摆设物决定：如果装饰画周围还有其他摆件作为装饰，则要求摆件的高度不超过装饰画的 1/3，并且不能遮挡画面的主要表现点。

❶ 摆件高度不超过装饰画的 1/3

❶ 装饰画距离地面约 1400mm

2 装饰画适宜的悬挂间距

在重复悬挂同一尺寸的装饰画时，间距最好不超过装饰画的 1/4，这样能形成整体的装饰性。距离太近会显得拥挤；距离太远，会形成两个视觉焦点，整体性大大降低。例如，挂三幅 400mm × 600mm 的组合画，每幅画之间相隔 5~8cm 比较适合。

❶ 间距不超过装饰画的 1/4

不同功能空间适用的装饰画尺寸

1 客厅

适宜选择的装饰画尺寸：客厅可以选择单幅挂画或双联、三联组合，比较适合的尺寸有 400mm×600mm、500mm×500mm、500mm×700mm、600mm×600mm、600mm×800mm、800mm×800mm。另外，客厅装饰画的比例可以根据黄金比例来计算，用墙面的宽度和高度各自乘以 0.618，以此算出装饰画的尺寸。

根据沙发选择装饰画的尺寸：装饰画的尺寸不宜小于主体家具的 2/3，例如，沙发长 2m，那么装饰画的长度应为 1.4m 左右；如果选用组合画进行装饰，则装饰画的总宽度应比装饰物略窄，并且均衡分布。另外，1800mm×900mm 的小型组合画适用于 1850~2250mm 的三人沙发，2100mm×1150mm 的大型组合画适用于 2250mm 以上的四人沙发或多人沙发。

❶ 装饰画尺寸不宜小于主体家具的 2/3

根据客厅大小及形状选择装饰画：大客厅（25~35m^2）中单幅装饰画的尺寸以60cm × 80cm左右为宜，也可以选择尺寸更大的装饰画，营造一种宽阔、开放的视野环境。

小客厅（18~25m^2）选择中型装饰画，显得比较大方；另外，小客厅也可以选择多挂几幅尺寸略小的装饰画作为点缀，或者制作一面照片墙。

▲ 大客厅的挂画示例

▲ 小客厅的挂画示例

2 餐厅

适宜选择的装饰画尺寸：竖型联画可以选择 1500mm × 400mm 的尺寸；单幅挂画可双联或三联组合，适宜的尺寸有 400mm × 600mm、500mm × 500mm、500mm × 700mm、600mm × 600mm、600mm × 800mm、800mm × 800mm、1000mm × 1000mm。

餐厅装饰画的合理位置：装饰画的顶部到空间顶角线的距离为 60~80cm，并保证挂画整体居于餐桌的中线位置。

❶ 装饰画距离顶角线 60~80cm

3 卧室

适宜选择的装饰画尺寸：1350mm × 350mm 的横条挂画适用于 1.5m 的睡床，1500mm × 400mm 的横条挂画适用于 1.8m 的睡床；单幅挂画可双联或三联组合，可以选择的尺寸有 400mm × 600mm、500mm × 500mm、500mm × 700mm、600mm × 600mm、600mm × 800mm、800mm × 800mm。

卧室装饰画的合理位置：卧室装饰画的高度一般为 50~80cm，长度根据墙面或者主体家具的长度而定，不宜小于床长度的 2/3。在悬挂时，装饰画底边离床头靠背上方 15~30cm 处或顶边离屋顶 30~40cm 最佳。

❶ 装饰画顶部距屋顶 30~40cm ❷ 装饰画高度为 50~80cm ❸ 装饰画底边距床头靠背 15~30cm

4 玄关

玄关单幅挂画可选择如下尺寸：600mm × 1000mm、800mm × 1200mm、800mm × 800mm、1000mm × 1000mm。挂画的高度以平视视点在画的中心或底边向上 1/3 处为宜。

❶ 装饰画悬挂高度需考虑平视视点

照片墙

照片墙有很多种叫法，比如相框墙、相片墙，或者背景墙之类。照片墙不仅形式各样，而且还可以演变为手绘照片墙，为家居带来更多的视觉变化。

照片墙的相框尺寸

就相框的尺寸而言，小的有 7 寸[1]、9 寸、10 寸，大的有 15 寸、18 寸和 20 寸等。布置时可以大小组合，在墙面上形成一些变化。

照片墙与墙面的尺寸关系

1 照片墙的相框间距

布置照片墙应该先量好墙面的尺寸，再确定用哪些尺寸的相框进行组合。如果是平面组合，相框之间的距离以 5cm 为宜，太远会破坏整体感，太近会显得拥挤。

❶ 相框之间的距离以 5cm 为宜

[1] 指英寸（in），1in=25.4mm。

2 根据墙面尺寸选择相框的数量

一般情况下，照片墙最多只能占据 2/3 的墙面面积，否则会给人造成压抑的感觉。如果是宽度 2m 左右的墙面，通常比较适合 6~8 框的组合样式，太多会显得拥挤，太少则难以形成焦点；如果墙面宽度为 3m 左右，那么建议考虑 8~12 框的组合。

▶ 宽度 2m 左右的墙面照片墙装饰示例

▶ 宽度 3m 左右的墙面照片墙装饰示例

装饰镜

装饰镜与传统的镜面不同，其关键作用是装饰墙面。装饰镜的颜色和造型应与家居空间的墙面、家具等装饰元素的风格相协调，才能够使人产生共鸣。

装饰镜的尺寸选择

由于装饰镜的形状多样，其尺寸没有一个特定范围，一般需结合墙面大小进行选择。但和装饰画不同，装饰镜与墙面的比例比较灵活，一般以沙发、睡床或玄关柜为参照物，尺寸是其宽度的 1/3~1/2。

▲ 装饰镜的尺寸比较灵活，往往以家具为参照物进行选择

装饰镜的适宜安装高度

安装装饰镜首先要规划好高度，不同房间对于装饰镜的安装有不同要求。一般来说，小型装饰镜应保持镜面中心离地 160~165cm 为宜，太高或太低都可能影响日常使用。

❶ 镜面中心离地宜为 160~165cm

工艺品

工艺品包括工艺挂件和工艺摆件。在家居中运用工艺品进行装饰时，要注意不宜过多、过滥，只有使用得当、恰到好处，才能取得良好的装饰效果。

工艺摆件在家具上的摆放数量

家居工艺品摆放之前最好按照不同风格分类，再将同一类风格的工艺品进行摆放。在同一件家具上，工艺品的风格最好不要超过 3 种。如果是成套家具，则最好采用相同风格的工艺品，可以形成协调的居室环境。

▲ 工艺品的风格不宜超过 3 种，摆放时应错落有致

工艺挂钟的尺寸与应用

1 工艺挂钟的常见尺寸

工艺挂钟的直径尺寸一般有 25cm、30cm、38cm、40cm、46cm、50cm、68cm 等，但习惯用英寸（in）来定义，如 10in、12in、14in、16in、18in、20in 等。

2 不同功能空间适用的工艺挂钟尺寸

不同功能空间选择的工艺挂钟尺寸也有所区别，如客厅常选择直径为 35~50cm 的尺寸，餐厅和卧室中工艺挂钟的直径尺寸可为 30~40cm，而书房、过道、玄关等其他空间中工艺挂钟的直径尺寸以 25~38cm 为最佳。

▲ 工艺挂钟的尺寸比较多样化，可按需选择

绿植

在家居空间中摆放绿植不仅可以起到美化空间的作用，还能为家居环境带来新鲜的空气，打造出一个绿色有氧空间。

适合室内摆放的绿植种类及其株高范围

吊兰

株高 10~30cm

小花矮牵牛（百万小铃）

株高 15~80cm

龟背竹

株高 30~600cm

雏菊

株高 10~15cm

虎尾兰

株高 30~80cm

石竹

株高 30~50cm

常春藤

藤长 15~2000cm

绿萝

成熟叶柄长 30~40cm

琴叶榕

株高 25~200cm

五彩芋

株高 15~25cm

茉莉

株高 20~300cm

柠檬

株高 50~200cm（盆栽）

铃兰

株高 18~30cm

月季

株高 30~200cm

君子兰

株高 30~85cm

发财树

株高 50~100cm（盆栽）

驱蚊草

株高 15~100cm

薰衣草

株高 20~80cm

室内绿植的合理配置高度

在配置室内绿植时，其高度不应超过室内空间的 2/3，以免给人造成一种压抑感，同时，应给绿植留有足够的生长空间。在进行较宽敞房间的角落布置时，应注意将绿植摆放得具有立体感，可将绿植分成高低的排列，即小植物在前、大植物在后，这样能够营造出自然的、森林般的氛围。

不同高度的绿植在室内的摆放数量

高度 1m 以上的大型盆栽放置 1~2 株为宜，置于角落或沙发边。

中型盆栽的高度为 50~80cm，视房间的大小布置 1~3 盆即可。

小型盆栽的高度为 50cm 以下，不宜超过 6~7 盆，可置于案几、书桌、窗台等处。

▲ 室内绿植的高度错落有致，可以为空间带来视觉变化